우주와의 인터뷰

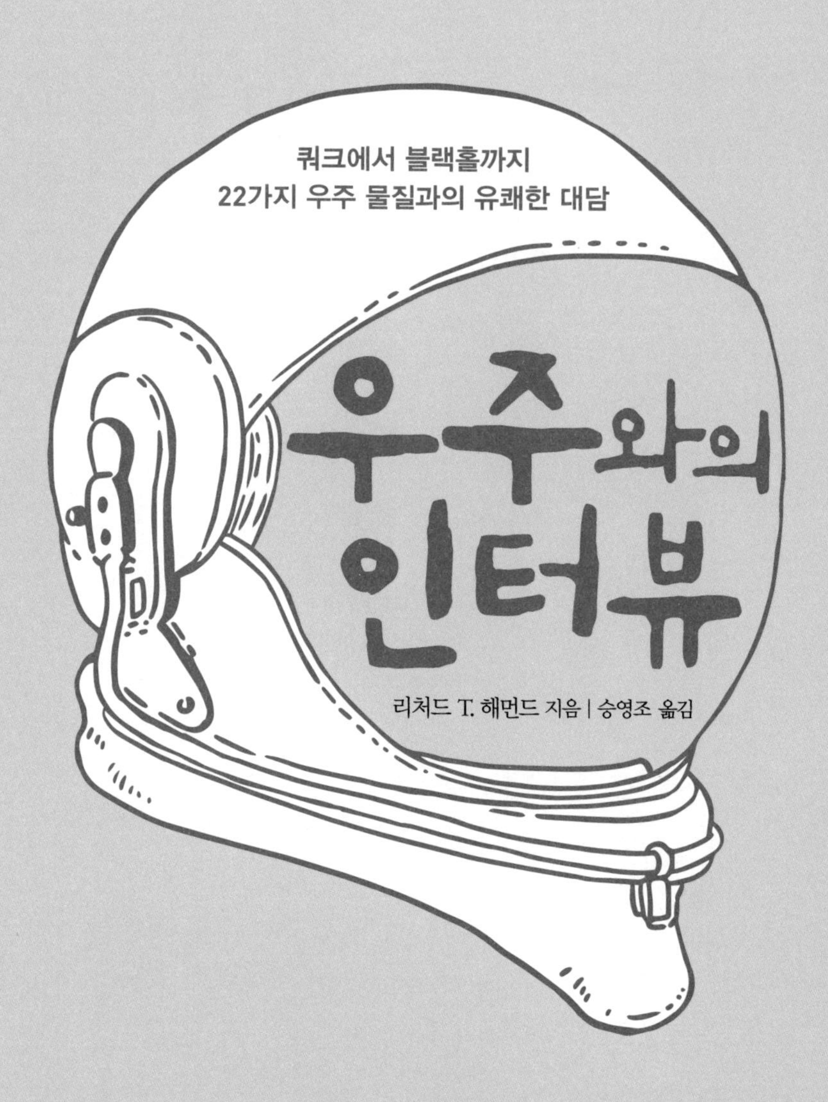

쿼크에서 블랙홀까지
22가지 우주 물질과의 유쾌한 대담

우주와의 인터뷰

리처드 T. 해먼드 지음 | 승영조 옮김

일러두기

1. 물리학 용어 번역은 한국물리학회의 〈2010 수정 반영_물리학 용어집(영한)〉에 따랐습니다.
2. 본문의 용어 설명은 전부 옮긴이 주입니다.

냰시, 캐서린, 제니퍼, 매슈에게

우주와의 경이로운 만남을 소개하기에 앞서

우주 천체와 인터뷰한다는 발상은 내가 처음 떠올린 게 아니라는 사실부터 털어놓아야겠다. 일찍이 탄소 원자와 대화를 나눠 보지 않았다면, 솔직히 그런 인터뷰가 가능하리라고는 상상도 못했을 것이다. 그녀, 탄소 원자는 내게 긴 이야기를 들려주었다. 까마득히 먼 우주에서의 장엄한 탄생과 초신성 폭발로 인한 경이로운 방출, 지구에서의 모험 등의 이야기를 들으며 나는 흥분을 억누를 수 없었다. 흥분을 가라앉히는 데는 한참 시간이 걸렸다. 일단 마음이 진정되자 나도 모르게 맹렬히 메모를 했다.

그것은 너무나 경이로운 경험이었다. 첫 키스와 같은 그런 경험을 다시 하고 싶은 열망을 억누를 수가 없었다. 그러다 반갑게도 탄소보다 훨씬 더 젊은 전자를 발견했고, 전자 역시 자신의 경험담을 기꺼이 들려주었다. 대기권에서의 탄생과 가전제품 속에서의 모험담, 가속기에서 소멸당할 뻔한 모골이 송연한 이야기들이 그것이다. 목성이 인터뷰하겠다고 자청했을 때는 바로 덥석 기회를 잡았다. 어두운 본성 탓에, 그는 별이 되지 못한 것을 아직도 연신 곱씹고 있었다.

이런 초기의 성공에 의기양양해진 나는 좀 더 배짱을 부려서 블랙홀과의 인터뷰를 시도했다. 이 인터뷰는 어찌나 난해한지, 내가 메모한 것 대부분이 무슨 소린지 이해가 되질 않았다. 그녀가 칠판에 기록한 많은 방정식을 베끼려고 한 것이 실수였다. 안타깝게도 수많은 사물이 블랙홀로 빨려 들어가는 것을 본 나는 안전이 심히 걱정되어 허둥지둥 인터뷰를 마쳐야만 했다. 우라늄 원자와의 인터뷰 역시 놀라웠지만 이유는 사뭇 달랐다. 우라늄이 대량 살상 무기로 사용되는 것이 너무나 걱정스러웠던 나는 짐짓 방어적인 태도를 취했는데, 공교롭게도 우라늄이 인간을 더 걱정스러워했다.

이렇게 인터뷰가 계속되자 소문이 짜하게 퍼져 많은 손님이 스스로 찾아왔다. 순서를 기다리는 줄이 길어지자 나는 두 명을 동시에 인터뷰하기로 결심했다. 그건 실수였다. 페르미온은 고분고분했지만, 보손은 자기중심적이고 무례했다. 그런데도 자연계에서 그들이 맡은 역할에 대한 토론만큼은 아주 잘해 주었다.

내가 인터뷰한 별은, 독자께서 이미 짐작했겠지만, 바로 우리 태양이다. 하지만 이건 미처 짐작하지 못했을 텐데, 태양은 우리가 지구 상에서 발견할 수 있는 모든 원소가 한데 모이기까지는 수십억 년이 넘게 걸렸다고 강조하면서, 그 귀중한 선물을 낭비하는 우리를 꾸짖었다. 수소원자 또한 꽤나 놀라웠다. 녀석은 양자역학의 철학적 의미를 논하고, 구체적인 예언까지 서슴지 않았다. 그러나 쿼크는 물리학의 아름다움 속으로 우리를 더욱 깊이 이끌고 가서 쟁점을 갈파했다.

내가 인터뷰한 이런저런 천체들은 모두 이 세상에 대해 나름 독특한 관점을 지니고 있었다. 그들이 흉금을 털어놓고 저마다의 관점을 밝혀 준 데 대해, 이 자리를 빌려 거듭 고마움을 표하고 싶다.

☆ CONTENTS ☆

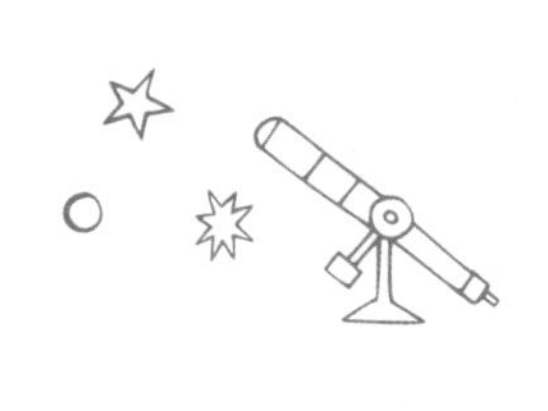

인터뷰 개요

탄소 원자와의 인터뷰

탄소 원자는 먼 별에서의 탄생과 지구까지의 험난한 여행, 지구와 달의 형성에 관한 관찰, 생명체에 미친 획기적인 자신의 역할 이야기를 들려준다.

전자와의 인터뷰

전자는 50년 전 자신의 탄생과 산소 속에서 처음으로 살아 본 색다른 경험담을 들려준다. 산소에서의 안정된 삶 이야기는, 하나의 원자에서 다른 원자로 끊임없이 이주한, 도체에서의 역동적인 삶 이야기로 이어진다. 또한 가전제품에서의 경험담과 유럽에서 하마터면 소멸할 뻔한 위기의 순간을 이야기한다.

목성과의 인터뷰

별이 되지 못한 과거를 아직도 곱씹고 있는 애틋한 목성의 이야기가 소개된다. 목성은 그 까닭과 자신의 여러 위성에 대해 조곤조곤 말하고, 기조력과 대적반 현상에 대해 이야기한다. 또 아름다운 줄무늬가 적도와 나란하게 나타나는 이유를 풀이해 준다.

블랙홀과의 인터뷰

처음 블랙홀을 발견할 때는 수학적으로 접근하는 경향이 있다. 그러나 여기서는 사건 지평, 블랙홀 형성, 블랙홀 발견 방법, 블랙홀 크기에 따른 차이, 웜홀, 휜 시공간에 대해 블랙홀 자신이 쉬운 말로 설명해 준다.

우라늄 원자와의 인터뷰

우라늄이 소행성 충돌과 그로 인한 엄청난 결과로 지구에 이르게 된 이야기를 들려준다. 그밖에도 우리는 소행성과 혜성이 서로 질투하는 모습을 훔쳐보고, 방사능 반감기와 핵력에 대해 엿보게 된다. 무엇보다 섬뜩한 것은 이 원자가 핵폭탄 원료라는 사실이다. 우라늄 원자는 핵폭탄에 대해서도 귀띔해 준다.

페르미온과 보손과의 인터뷰

뭐 이런 게 다 있나 싶은 이 한 쌍의 존재에 대해서는 논란이 많다. 인터뷰를 통해 우리는 이들 용어의 뜻을 정확히 알게 되고, 기존에 발견된 입자 가운데 어떤 것이 보손이고 어떤 것이 페르미온인지 알게 된다.

별과의 인터뷰

인터뷰한 별이 공교롭게도 우리 태양이다. 태양은 자신의 탄생과 삶 이야기를 들려주고, 자신의 죽음을 헤아린다. 크기와 질량, 밝기, 흑점 같은 속성에 대해 밝히고, 태양 핵 내부의 장렬한 전쟁 이야기도 들려준다. 그리고 앞날을 내다본 태양은 자신의 최후를 논하며 적색거성과 백색왜성 이야기를 들려준다.

윔프와의 인터뷰

윔프, 곧 '약하게 상호작용하는 무거운 입자'는 순전히 이론적으로 제시된 암흑 물질이다. 암흑 물질 탐구와 무관한 초대칭 이론에서 가상 입자로 뉴트랄리노를 제시했는데, 공교롭게도 윔프와 뉴트랄리노는 동일 존재였다. 이 인터뷰에서 윔프는 약하게 상호작용하는 무거운 입자의 정체를 밝히고, 기본 입자들의 근본적인 대칭성과 초대칭이 무엇인지 밝힌다.

혜성과의 인터뷰

앞서 인터뷰한 이들과 달리 혜성은 지난 2천 년 동안의 과학 발달사에 관심이 많고 말도 많다. 혜성은 지구의 과학적 쾌거로 자신의 천상 궤도가 밝혀졌음을 이야기하고, 우라늄 원자와 관련해서 인류의 자기 파괴적 성향을 염려한다.

나선은하와의 인터뷰

나선은하는 거대한 나선 팔을 비롯한 자신의 생김새를 이야기하고, 인류 최대 수수께끼 하나를 밝힌다. 별들과 그 외부 가스의 수수께끼 같은 움직임을 설명하려면, 보이지 않는 엄청난 양의 암흑 물질이 은하를 채우고 있어야 한다는 사실이 그것이다. 안타깝게도 은하는 정작 암흑 물질이 무엇인지 말해 주지 않고, 감질나는 몇 가지 힌트만 던져 준다.

중성미자와의 인터뷰

중성미자는 자신이 발견되었을 때 사람들 못지않게 흥분했다. 그녀는 에너지와 물질에 대해 이야기한 후, 자기를 발견하기 위해서 무려 10만 갤런의 세척액이 필요한 이유를 밝힌다. 또 중성미자는 물리학과 천문학계의 미해결 난제인 태양 중성미자의 수수께끼를 들려준다.

수소 원자와의 인터뷰

수소 원자는 자기가 어쩌다 발견되고 말았는지 이야기한 후, 자신이 뿜어내는 방사선의 위력이 막강하다는 것을 뽐내고, 원자 규모의 미시 세계에 주로 적용되는 물리법칙인 양자역학을 소개한다. 또한 불연속성과 연속성 개념을 밝히며 결정론적 세계관을 무너뜨린다.

중성자와의 인터뷰

자신의 종말을 걱정하는 중성자가 잠깐 들러서 인터뷰를 해 준다. 중성자는 자신의 생김새, 핵과 결합하고 싶은 갈망을 이야기하고, 파동-입자의 이중성에 대한 진실을 밝힌다.

쿼크와의 인터뷰

쿼크는 처음에 사람들이 자신의 존재를 믿지 않은 이유가 무엇인지 들려주고, 자기가 홀로 있는 것을 관측하기가 불가능해 보이는 이유를 밝힌다. 쿼크는 맛깔과 색깔에 대해 잠깐 이야기한 후, 믿음과 아름다움을 논하고, 자연을 이해하려면 기본적으로 쿼크 정도는 환히 꿰고 있어야 한다는 사실을 지적한다.

타키온과의 인터뷰

타키온을 쫓아가 인터뷰를 하면서도 그가 타키온이 맞는지 의심스럽다. 빛보다 빠른 속도로 움직이는 입자인 타키온이 정말 존재한다면, 우리가 소중히 여겨 온 인과 개념이 무참히 무너지고 만다.

퀘이사와의 인터뷰

퀘이사는 오랫동안 천문학자들을 곤혹스럽게 했다. 이 인터뷰에서 퀘이사는 우리에게 과거를 실제로 보여 준다. 우주에서 가장 에너지 넘치는 물질인 퀘이사는 막대한 힘을 생산하는 둘도 없는 엔진을 갖고 있다.

반물질과의 인터뷰

반전자가 잠깐 들러서 반물질의 특성을 이야기해 주고, 실험실에서 반수소 생산에 성공했다는 사실을 밝힌다. 반전자는 화제를 바꿔, 로켓을 쏘아 올리는 데 반물질을 어떻게 이용할 수 있는지 속닥거리고, 마이너스 질량에 대해서도 잠깐 이야기한다.

철 원자와의 인터뷰

철 원자는 초신성, 곧 별의 폭발이 어떻게 이루어졌는지, 자신이 어떻게 지구에 왔는지 그리고 지구 내부에 있던 자신이 침식으로 표면에 드러나게 된 경위를 밝힌다. 연철이 되어 일찍이 인간에게 사용된 과정, 인간 신체에서 철의 역할, 현대에 각광받는 고급강으로의 변모에 대해서도 이야기한다.

뮤온과의 인터뷰

고도비만 전자에 비유할 수 있는 뮤온은 느긋하게 인터뷰할 겨를이 없다. 수명이 100만 분의 2초 정도이기 때문이다. 뮤온은 자신이 어떻게 발견되었는지 잠깐 이야기하고, 교환 입자(힘 매개 입자)와 강한 핵력의 기원에 대해 잠깐 더 이야기한 후, 특수상대성이론의 길이 수축 이야기로 얼른 넘어간다.

중성자별과의 인터뷰

중성자별은 초신성 폭발과 자신의 기원을 이야기한다. 또한 펄서, X선 복사, 감마선 폭발에 대해 들려준다.

끈과의 인터뷰

기본 입자가 점 같은 0차원 입자라는 게 보통의 관점인데, 끈 이론에서는 끈 같은 1차원 물질로 세상 만물이 이루어져 있다고 주장한다. 끈은 눈으로 볼 수 있는 것보다 더 많은 차원에서 우리가 존재할 수 있음을 밝힌다. 또 고전 양자론을 짚어 보고, 끈 이론이 양자 중력 이론을 설명할 수 있는 유일한 이론이라고 주장한다. 이어서 끈은 자기 관점과 보통의 관점을 비교하며 아름다움에 대해 설파한다.

진공과의 인터뷰

알고 보면 진공은 매우 역동적인 영역이다. 그 독특한 속성에 대한 진공 자신의 이야기를 듣다 보면, 진공이 얼마나 중요한지 깨우칠 수 있다. 진공은 아인슈타인의 중력이론과 우주 팽창에 대해 들려주고, 인간의 자연법칙 탐구를 칭찬하는 동시에 꾸짖는다. 그리고 우주의 미래 전망에 대한 개인적인 견해를 밝히며 인터뷰를 마친다.

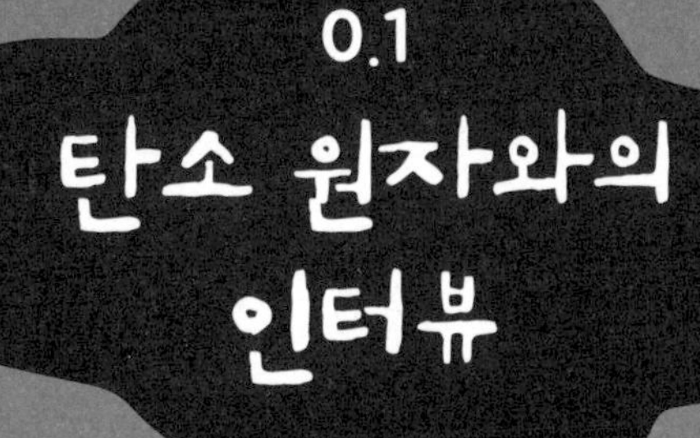

0.1
탄소 원자와의 인터뷰

리처드 인터뷰에 응해 주어 고맙다. 나로선 이것이 첫 번째 인터뷰라 질문을 잘할 수 있을지 모르겠다. 그냥 편안히 생각나는 대로 대답해 주면 된다. 그럼 시작해 보자. 넌 어디서 왔나?

탄소 원자 놀랍겠지만 나는 탄생의 순간을 생생히 기억한다. 까마득히 먼 옛날, 머나먼 곳에서 태어났는데도 말이다. 실은 영원같이 긴 세월을 기다린 후에야 비로소 내가 태어날 차례가 되었다. 우리 부모는 셋 이상인데, 그들이 결합을 할 만큼 뜨겁게 달아올랐다 싶었을 때, 환생과도 같은 과정을 거쳐 내가 태어났다. 세 개의 헬륨 원자가 뭉쳐서 탄소 원자 하나가 된다.

리처드 너는 융합*의 산물이란 뜻인가?

탄소 원자 그렇다. 하지만 우리 별이 식자마자 내 탄생의 전율은 잦아들고, 나는 나를 카본 카피한 것만으로 이루어진 거대한 불활성 탄소핵 안에 영원히 갇혀 있을 수도 있다는 사실을 깨달았다. 하지만 다행히 우리 별은 중력이 막대해서 다른 일이 벌어졌다. 이웃 짝별에서 수많은 자매 원자를 마구 초대한 거다. 그러자 안정된 탄소 사회가 붕괴할 거란 소문이 짜하게 퍼졌다.

리처드 그러니까 탄소를 만들 헬륨이 다 떨어져서 융합이 멈춘 후,

융합 고온 핵융합을 통해 수소가 헬륨이 되고 헬륨이 탄소가 된다(저자는 이걸 환생이라고 표현했다). 헬륨이라는 땔감이 다 떨어지면 핵융합이 멈추고 별이 식기 시작한다.

다른 별에서 원자를 끌어들였다고?

탄소 원자 다행히도 그렇다. 알고 보니 소문이 우리 탄소보다 더 탄탄했다. 운명의 순간이 닥쳐오자, 우리 원자들 누구도 견디지 못할 만큼 중력장이 너무나 강력해졌다. 지금 생각해 봐도 오싹할 정도로 우리는 대규모로 붕괴했고, 무슨 일이 일어났는지 눈치챌 겨를도 없이 빅뱅 이후 최대 폭발을 일으켰다. 나는 그 폭발에 매료되었다. 내가 처음으로 자유를 얻었기 때문은 아니다. 그 전까지는 온 우주에 오로지 수소(우리 할아버지), 헬륨, 탄소 원자만 존재했는데, 이제는 내가 거의 빛의 속도로 여행하며 무겁고 낯선 온갖 원소들을 보게 되었기 때문이다. 나는 이 섬뜩한 신참 원소들이 다짜고짜 나를 통째로 삼켜 버릴 수도 있다는 것을 금세 알아차렸다. 그래서 어떻게든 살아남으려고 몸깨나 사렸다.

리처드 초신성*과 그 여파 이야기인가?

탄소 원자 그렇다. 그 후 수천 년이 하루처럼 금세 지나고, 수백만 년, 아니 수십억 년이 흘렀다. 어느새 나는 다시 아무런 변화가 없는 단조로운 일상에 콕 박히고 말았다. 고향에서 까마득히 멀리 떨어져, 뜨겁게 달아올랐던 처음의 환경과는 너무나 다른, 차갑고 우울하게 펼쳐진 광막한 시공에 널브러지게 된 거다. 가장 가까운 이웃인 수소 원자

초신성 별은 초기 질량이 클수록 수명이 더 짧다. 더 클수록 더 빨리 타 버리는 것이다. 헬륨이라는 땔감, 곧 핵연료가 떨어지면 융합을 멈추고 냉각하면서 중력으로 인해 수축한다. 자체 중력, 곧 질량이 너무 클 경우 내부로 붕괴하며 폭발한다. 별보다 밝은 이 폭발을 초신성이라고 일컫는다. 이런 붕괴 폭발(초신성 출현) 과정에서 철보다 무거운 원소가 생성되고 방출된다.

들과도 너무나 멀리 떨어져서 소통이 불가능했다.

리처드 참 황량했겠다. 어떻게 기운을 차렸나?

탄소 원자 몇백만 년이 더 지난 후, 몇몇 이웃이 가까이 다가오자 내 절망은 막을 내렸다. 또 몇백만 년이 지나자, 우리는 옛 친구처럼 어울려 지냈다. 그때 다시 소문이 파다하게 퍼졌다. 엄청난 사건이 또 일어날 거라고. 붕괴 말이다.

리처드 하지만 이번엔 아까 말한 것과는 다른 종류의 붕괴였을 것이다. 새로운 별이 탄생•할 거라는 소문 아니었나?

탄소 원자 맞다. 몇백만 년이 더 지난 후, 우리는 소용돌이치면서 별이라고 알려진 것에 점점 더 가깝게 변해 갔다. 내 새로운 수소 친구 대부분이 멋지게 별에 편입되었지만, 나는 궤도에 붙잡혀 꼼짝하지 못했다. 하지만 멀리서 별이 태어나는 과정을 목격했다. 이제 별이 되기에는 너무 늙고 너무 무거워진 나는 소외감을 느꼈다.

리처드 너무 무겁다는 게 무슨 뜻인가?

탄소 원자 새로운 별에서 수소는 융합을 통해 헬륨이 되고, 더 시간이 지나면 헬륨은 탄소가 된다. 나는 수소보다 12배쯤 더 무겁다. 우주의 연료라기보다는 최종 산물에 가깝지.

별(태양)의 탄생

우주는 약 137억 년 전에 생겨났고, 새로운 별, 곧 우리 태양은 약 46억 년 전 탄생했다. 성운 이론에 따르면, 태양계는 분자 구름 일부가 중력붕괴를 일으킴으로써 생겨났다. 근처에 여러 초신성이 출현하면서 그 충격파로 성운의 밀도가 증가했고, 이로 인해 중력붕괴가 일어났다는 것이 정설이다.

리처드 그래서 어떻게 했나?

탄소 원자 자기 연민에 빠져 익사할 것 같았다. 나는 궤도에 있었지만 혼자가 아니었다. 많은 무거운 원소들과 심지어 험상궂은 분자들까지 주위로 몰려들어, 내가 새로운 태양 빛에 질식하면 내 전자를 날름 훔쳐 가려고 호시탐탐 노리고 있었다. 순식간에 나는 딴딴한 철과 무기물 공에 폭 파묻히고 말았다. 그 혹독한 어둠 속에서는 시간을 가늠할 수가 없었다. 오갈 데 없는 나를 사방팔방에서 영원토록 밀치락달치락할 뿐이었다.

리처드 마침내 지구의 일부가 되었다는 뜻인가?

탄소 원자 그렇다. 폐차장의 낡은 타이어처럼 수백만 년의 세월이 차곡차곡 쌓였다. 그러다 느닷없이 엄청난 지진파가 닥쳐왔다. 어찌나 강력했는지 딴딴한 공을 찢어발긴 덕분에 나는 또다시 바깥 공간으로 나왔는데, 하나가 아닌 두 개의 천체가 서로의 둘레를 맴돌고 있었다. 하지만 이내 내 궤도가 쇠퇴하면서 나는 어느새 더 큰 천체 위에 자리를 잡았다. 작은 천체는 큰 천체 둘레를 돌았다. 그러고 보니 나는 또다시 우주의 수많은 방문객이 북적이는 이상한 사회에 속해 있었다. 우주 방문객은 경이로운 속도로 날아와 내 행성과 충돌하곤 했다. 주로 물로 이루어진 그들의 잔여물은 곧 큰 바다가 되었다. 나는 바다에 빠져 죽을까 봐 몇천 년 동안 전전긍긍했다.

리처드 우리 달의 탄생과 혜성의 지구 충돌을 이야기한 것 같다. 근데 탄소 원자가 어떻게 익사할 수 있나?

탄소 원자 시적으로 읊어 본 거다. 그 후 너무나 신기한 일이 벌어졌다. 우주에서 겪은 그 어떤 일보다 더 신나는 프로젝트에 참여하게 됐는데, 핵융합이나 초신성, 태양계 형성, 달의 탄생, 혜성의 융단폭격 따위는 이 프로젝트에 비하면 새 발의 피였다. 정말 간 떨리게도, 나는 처음으로 분자의 일부가 되었다. 하지만 그 후 다른 많은 이웃과 더불어 그지없이 복잡하고, 굳이 말하자면 부자연스러운 어떤 형태를 이루었다. 중력을 거슬러 물을 위로 끌어 올리는 긴 수로가 있고, 산들바람에 나부끼며 햇빛, 그러니까 우리 조상이 전에 뿜어낸 것과 같은 빛을 흡수하는 초록의 여린 이파리가 있었다. 우리 조상이 뿜어내던 것을 내가 흡수하다니? 나는 이 아이러니가 마음에 들었다. 내가 속한 조직이 바로 그 빛에 반응하고 응답할 수 있다는 사실에 마냥 마음이 달떴다.

리처드 식물의 일부가 되었다는 소리 같다.

탄소 원자 그렇다. 하지만 이 경이로움은 단명했다. 흙에서 빨아올릴 물은 동났는데, 햇빛은 속절없이 쏟아져 내렸다. 생전 느껴 본 적 없는 한없는 슬픔이 해일처럼 나를 덮쳤다. 나는 아래로, 아래로 깊이 내려갔고, 우주의 어떤 힘과도 필적할 만큼 강력한 시간이 내게서 이웃을 빼앗아 갔다. 몇몇 수소를 픽업해서, 그러니까 정확히는 수소 넷과 함께 종종 여행도 했지만, 걸쭉한 검은 침전물에 파묻혀 기억할 수 없을 만큼 긴 세월을 다시 옴짝달싹도 하지 못했다.

그러다 느닷없이 압력이 변하며 암울한 세계가 깨졌다. 우리 모두가 동시에 그것을 느끼고 맹목적으로 위로, 위로 돌진했다. 불현듯 나는 땅

거죽 위로 비어져 나왔는데, 이번에는 기묘한 기하학적 형태 안에 깃들게 되었다. 자연의 재주라고 보기엔 너무나 뛰어난 형태였다. 하지만 장차 새로 보고 겪을 일들에 비하면 그건 아무것도 아니었다. 무어라 설명할 수도 형언할 수도 없는, 무시무시한 온갖 크기의 구조물이 사방에 존재했다. 나는 정제되고, 재사용되고, 유기되고, 구출되었다. 그래서 형용할 수 없는 형태의 무수한 사물로 재탄생했다. 이런 일은 다 기억할 수 없을 만큼 너무나 빨리 진행되었다. 일기라도 써 두었으면 좋았겠지만, 알다시피 나는 탄소 원자라서 그게 호락호락하지 않았다.

리처드 잠깐. 네가, 그러니까 너의 나무가 죽어서, 분해되어 석유가 되었다는 이야기지? 근데 그다음엔? 유정油井, oil well에 있다가 최근에 땅 위로 올라왔다는 건가?

탄소 원자 두말하면 잔소리다. 이제 나는 인간을 이해하기 위해 이 한 몸 바치고 있다. 인간은 어떤 존재이고 어디에서 왔을까? 이런 걸 알아내기 위해 잠깐 동안 얄궂은 거사에 동참해서, 어떤 여자의 하반신을 찰싹 감싸고 있기도 했다. 발끝부터 허리까지! 그때 참 낯설고 민망한 걸 보기도 했지만, 그게 뭔지는 말하지 않겠다. 사실 내가 동참한 수많은 실용 프로젝트 대부분을 나는 이해하지 못한다. 융합의 원리는 잘 알지만, 최근에 인간 곁에서 겪은 일들의 원리는 도통 모르겠다.

그래도 불만은 없었다. 그처럼 역동적이고 발 빠른 삶의 일부가 된다는 게 좋았다. 얼마 전에는 다시 검은 액체 속에 몸이 잠겼는데, 왠지 솔솔 걱정이 되었다. 하지만 운수 좋게 재빨리 출판업자에게 보내져서 어

느덧 여기에 이르렀다. 이 문장의 마침표 한복판에 떡하니 말이다. 어이 거기, 당신! 당신 말이야, 당신! 만나서 반가워!

리처드 너의 얄궂은 거사가 왠지 부럽다. 은퇴하면 뭘 할 생각인가?

탄소 원자 다음 100억 년의 시간이 나를 위해 또 무엇을 예비해 놓았는지는 상상도 할 수 없다. 하지만 내가 영혼을 가질 수만 있다면, 너처럼 단명하더라도 서슴없이 내 전자를 포기하고 인간의 일부가 되고 싶은 게 본심이다. 달을 따고 싶다는 소리로 들리겠지만.

리처드 딸 수 있을지도?

0.2
전자와의 인터뷰

리처드 인터뷰 요청을 받아 주어 고맙다. 갈 길이 바쁜 거 알고 있으니 얼른…….

전자 아니. 잠시 여기 머물러 쉴 수 있어서 오히려 다행이다. 나는 늘 움직이고만 있으니, 좀 쉬어도 좋을 거다.

리처드 그렇다면 편히 쉬기 바란다. 우선, 나이가 몇인지, 어디서 태어났는지 말해 달라.

전자 태어난 곳은 바로 여기 지구다. 한 50년 전?

리처드 어떻게 태어났나?

전자 실은 아주 흔히 일어나는 일이다. 태양에서 알파입자가…….

리처드 알파입자?

전자 두 개의 양성자와 두 개의 중성자로 이루어진, 헬륨 원자의 핵말이다. 태양에서 다른 수많은 것들과 함께 알파입자가 방출되었고, 지구 약 250킬로미터 상공에서 질소 원자와 충돌했다. 초속 10만 킬로미터 이상으로 충돌하면 원자가 남아나질 않는다. 양성자, 중성자, 기타 많은 입자가 맑은 밤하늘의 별처럼 하늘에 흩어졌다. 그래도 하늘에 에너지가 많이 남아 있어서, 나는 제2의 자아인 양전자와 함께 에너지에서 물질로 바뀌었다. 안타깝게도 양전자는 다른 전자와 충돌해 소멸해 버렸다. 나는 100킬로미터 상공에서 산소 원자에게 붙잡혀 마침내 지구 표면에 이르게 되었다.

리처드　그다음엔?

전자　녹이 되었다.

리처드　녹?

전자　산화되었다는 말이다. 텍사스에 버려진 석유 굴착기에 딱 달라붙은 거다. 내 산소 분자가…….

리처드　아까는 산소 원자라고 하지 않았나?

전자　원래는 원자였다. 하지만 더 낮은 대기로 하강하자 태양 자외선이 차단되어, 다른 산소 원자와 결합해 산소 분자가 되었다. 나는 그게 통 마음에 들지 않았다. 다른 두 원자가 나를 공유했기 때문이다. 처음엔 한 녀석에게, 다음엔 다른 녀석에게 속하며, 오락가락, 오락가락하는 바람에 도대체 내가 어느 원자에 속하는지 알 수가 없었다. 하지만 시간이 좀 지나자 새로운 삶에 익숙해졌다. 도리어 더 흥분되기까지 했다.

리처드　알 만하다. 산소 분자는 어떻게 됐나?

전자　내 산소 분자는 생각이 있는지 없는지, 철 원자에 아주 바투 다가갔다. 그러자 개구리가 파리 잡듯 철 원자가 우릴 날름 삼켜 버렸다. 보나마나 산소는 아직도 거기 잡혀 있을걸?

리처드 너는 어떻게 벗어났나? 어떻게 변했고?

전자 그때 내 라이프 스타일이 완전 달라지고 말았다. 산소와 함께 있을 땐 집도 있고, 좋은 이웃도 있고, 가끔 흥분되는 일이 있었지만, 그래도 안정된 생활을 했다. 근데 철 속에서는 끊임없이 한 원자에서 다음 원자로 헐레벌떡 뛰어다녀야 했다. 어떤 원자도 내게 머물 집을 마련해 주지 않아, 나는 방랑자가 되었다. 미미한 전기장이 등을 떼밀어서, 아침 출근길 행인처럼 내 형제들과 어깨를 부딪치기도 했다.

리처드 전기가 어떻게 흐르는지 말해 준 것 같다. 그런데 석유 굴착기에서 어떻게 탈출했나?

전자 시간은 오래 걸리지 않았다. 북쪽에 뇌우가 쏟아졌는데, 거기 양전하가 우글우글 모여 있었다. 아마 알겠지만, 우리 전자가 절대 거부할 수 없는 것을 딱 한 가지만 꼽으라면, 그게 바로 양전하*다. 꽃을 찾는 벌 떼처럼 우리는 넋을 잃고 양전하에게 날아갔다. 퍼뜩 정신을 차려 보니, 무수히 많은 형제들과 함께 북쪽 땅에서 윙윙거리고 있었다.

리처드 무수히 많은?

전자 말 그대로 수를 헤아리기 어려웠다. 그런 걸 세지도 않지만, 굳

전하와 뇌우

전하電荷, electric charge는 물체가 띠고 있는 정전기의 양으로, 양전하(정상보다 전자가 부족한 상태)와 음전하(전자가 남는 상태)로 나뉜다.
뇌우雷雨는 국지적 폭풍우인데, 적란운이 발달하면서 구름 상부에 양전하, 하부에 음전하가 축적되고, 지표면에 양전하가 유도됨으로써 발생한다. 인터뷰한 전자는 바로 이 지표면에 유도된 양전하를 쫓아 이동했다.

이 말하자면 그 수가 10^{25}이 넘은 건 분명하다. 덧붙이자면 그건 정말 위험천만한 여행이었다.

리처드 아니 왜?

전자 형제들 상당수가 위험을 극복하지 못했다. 원자와 분자 들에게 걸린 거다. 울적한 이야기는 그만하고 싶다. 대신 가전제품 어드벤처 이야기를 하는 게 좋겠다.

리처드 부탁한다.

전자 아까 말했듯이, 나는 북쪽을 여행하다가 송전선망의 일부가 되었다.

리처드 잠깐. 상업용 전기는 절연 피복을 입힌 전선을 통해 전달된다고 알고 있는데?

전자 맞다. 하지만 전선 속으로 지전류*가 흐를 수 있다. 그건 내 탓이 아니다. 실제로 나는 주거지 근처를 여행하다가 느닷없이 주택 안으로 끌려가서, 진공청소기부터 TV에 이르기까지 집 안 모든 전기 제품 속을 누비고 다녔다.

리처드 TV 속에 있을 때 기분이 어땠나?

전자 실망스러웠다. 나는 무임승차free ride를 하고 싶었는데, 가정 배

지전류

지전류ground currents는 지구 외곽을 흐르는 자연 발생 전류로, 전선 속으로 흘러 통신에 장애가 되기도 한다.

전망 속으로 도로 빨려 들어갔다.

리처드 무임승차라니?

전자 우리끼리 쓰는 은어다. TV 브라운관에서는 전자가 수천 볼트로 가속된 다음 진공관으로 투사되어 스크린까지 여행하게 된다. 나는 그런 무임승차만을 바란 게 아니라, 실은 투사된 후 산소 분자나 질소 분자에게 붙잡히길 바랐다. 하지만 다시 배전망으로 되돌아가고 말았다. 그건 유쾌한 경험이 아니었다. 가정에서는 교류전류를 쓰는데, 교류•에서 우리 전자는 지진 속 젤리처럼 덥다 출렁거린다.

리처드 그래서 아무런 진전도 없었나?

전자 굳건한 의지력을 길렀다.

리처드 의지력을?

전자 농담이다. 이따금 전위차•가 생겼는데, 이건 잠시 동안 우리가 대체로 한 방향으로 움직인다는 뜻이다. 어느 날 나는 지하실 배수조 펌프에 있다가 갑자기 부엌의 토스터 속으로 들어갔다. 그게 최후의

직류와 교류

직류DC일 때 전자는 전선을 따라 항상 일정한 방향으로 흐른다. 가정에서는 교류AC전류를 사용한다. 교류일 때 전류의 방향은 의미가 없다. 폐회로 안에서 같은 양의 전류가 1초에 60번 앞뒤로 진동하는 것이 교류다.

전류와 전위차

도체 물질을 타고 1초당 흐르는 전자의 양을 전류(단위는 암페어A)라고 한다. 전류가 흐르기 위해서는 반드시 전위차가 있어야 한다. 전위차potential difference는 두 점 사이의 전기적 위치에너지 차이를 말한다. 전위차가 곧 전압(단위는 볼트V)이다. 전력(단위는 와트)은 전압과 전류의 곱이다(W=VA).

가전제품 어드벤처였다.

리처드　무슨 일이 일어났나?

전자　난 토스터를 좋아했지만, 집주인 인간이 그 안에 베이글을 욱여넣는 바람에 빵 부스러기가 전열선에 너무 바짝 달라붙었다. 덕분에 전열선이 빨개지면서 나를 달궈 뱉어내 버렸다. 뜬금없이 베이글의 일부가 되어 버린 거다. 그 후 얄궂은 일이 벌어졌다. 집주인 녀석이 나를 먹어 치웠고, 나는 시베리아로 유배되었다.

리처드　웬 시베리아?

전자　그의 머리카락 말이다. 유배지 하면 시베리아 아닌가. 거긴 아주 황폐했다. 무슨 뜻인지 알 거다.

리처드　알 만하다.

전자　그 후 그의 아내가 그의 머리칼을 다듬어 주었다. 그 보도블록 사이에 난 잡초 같은 걸 말이다. 나는 땅바닥에 하늘하늘 떨어졌고, 다시 지전류로 돌아갈 기회를 노렸는데, 새가 나를 낚아채서 자기 둥지를 만드는 데 써 버렸다. 아 진짜, 메스껍게. 철이 바뀌어 둥지가 버려지자 나는 비바람에 씻겨 흘러내렸다. 겨울이 닥치기 전에 멕시코 만으로 흘러들어, 조류를 타고 프랑스 해안으로 밀려갔다. 바다에서 겪은 일만으로도 책 한 권은 쓸 수 있지 싶다. 결국 스위스까지 흘러가서 궁극의 두려움에 맞닥뜨리게 되었다. 소멸 말이다. 인간들이 CERN* 에 있는 입자가속기라는 거창한 시설을 자랑하곤 하던데, 우

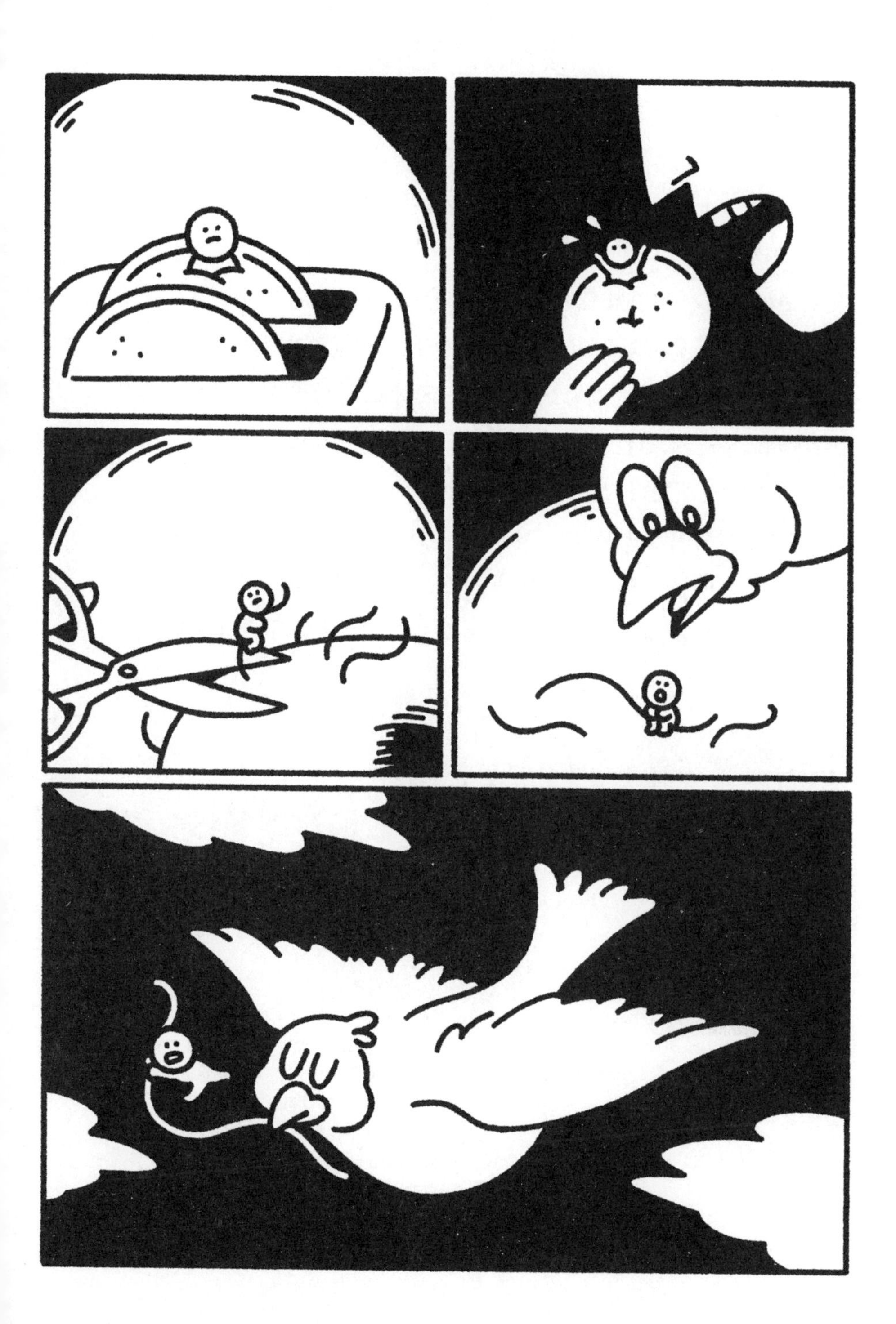

리에겐 최악의 악몽이다.

리처드 CERN이라면 유럽입자물리연구소잖아. 거기서 뭘 했는데 그러나?

전자 거긴 결단코 내가 선택한 곳이 아니다. 우린 지시에 복종할 수밖에 없는 존재임을 알아 달라. 전기장이 "행진하라!" 하면 우린 행진한다. 물론 더러는 레지스탕스 활동도 하고, 정확히 어디서 무슨 일을 하고 있는지 인간들한테 숨기기도 하지만, 대체로 우리는 전기장에 저항하지 못한다. 그 프로젝트는 알레프ALEPH라고 불렸는데, 우리끼리는 총살형이라고 불렀다. 처음에 그 인간들은 27킬로미터나 되는 원둘레를 마냥 뺑뺑이 돌게 했다. 우리는 거의 빛의 속도에 이를 때까지 계속 속도를 높였다. 그런 속도에서는 27킬로미터의 거리가 한 뼘도 안되었다.

리처드 상대론적 길이 수축*을 말한 건가?

전자 그렇다. 하지만 요는 이거다. 우리의 제2 자아인 양전자는 우리와 반대 방향으로 달린다는 거. 아까 내 탄생 이야기를 했는데, 우리

CERN 프로젝트

CERN Conseil Européen pour la Recherche Nucléaire, 곧 유럽원자핵공동연구소, 또는 유럽입자물리연구소. 1954년 공식 출범해 여러 입자가속기(충돌 장치)를 건설했다. 저자가 언급한 알레프 프로젝트는 거대 전자-양전자 충돌 장치Large Electron-Positron Collider 실험의 일환으로, 네 개의 공동 과제를 연구했다. 곧 알레프, L3, 오팔, 델피 프로젝트가 그것이다. 이 실험은 1989년부터 가동, 2000년에 종료하면서, 총결산 보고서에서 힉스higgs 입자 후보를 발견했다는 논문을 발표했다. 이후 강입자 거대 충돌 장치LHC 프로젝트를 진행 중이다. 2012년 CERN은 '힉스와 일치하는 새 입자'를 발견했다고 발표했다.

는 탄생과 반대 방식으로 죽는다. 그러니까 양전자와 떨어지면서 태어나고, 너무 가까워지면 그걸로 끝이다. 그렇게 우리가 죽으면, 에너지는 변하지 않은 상태에서 다른 여러 입자가 남게 된다. 양전자와의 충돌은 우리 전자가 파괴되는 몇 안 되는 방법 가운데 하나다. 전자끼리만 남아 있으면, 우리는 영원히 살 수 있다.

리처드 하지만 전자와 양전자의 정면충돌은 아주 드문 일 아닌가?
전자 그렇긴 하지만 그건 진짜 악몽이었다. 인간들은 우리를 끝도 없이 빙빙이 돌고 또 돌게 했다. 거의 모든 전자가 파괴될 때까지 말이다. 진짜 피바다였다.

리처드 하지만 내가 잘못 알고 있는 게 아니라면, 그런 실험 덕분에…….
전자 그게 실험이었다고!

리처드 유감이다. 하지만 그런 실험 덕분에 Z입자와 W입자가 만들어져서 약한 핵력• 관련 이론이 옳다는 것을 확인하지 않았나?
전자 그건 사실이다. 그놈의 원둘레를 돌면서 잃어버린 동료들을 우리는 순교자로 여겼다.

상대론적 길이 수축

아인슈타인의 특수상대성이론에 따르면, 빛의 속도에 더 가깝게 달릴수록 질량은 더 증가하고, 시간은 더 느리게 흐르고, 길이는 더 짧게 보인다. 빛의 속도에 이르면 시간이 멈추고 길이(예를 들어 타임머신의 길이)는 0이 되어 보이지 않게 된다. 일반상대성이론은 중력에 의해서도 시간이 지연된다는 사실을 밝혔다.

리처드 솔직히 나는 너의 기준틀* 관점에서 생각해 본 적이 없다. 암튼 너는 탈출한 게 분명한데, 어떻게 탈출했나?

전자 입자가속기의 초전도자석 가운데 하나가 너무 달궈지는 바람에 자기장이 약해졌다. 나는 경로를 벗어나 가속기 벽 쪽으로 빠져 알루미늄 차폐 케이블에서 우왕좌왕하다가, 인간들이 시설을 복구할 때 재활용되어 비행기 날개가 되었다. 그때부터 또 책 한 권을 쓸 수 있을 만큼 많은 곳을 여행하다가, 마침내 이번 인터뷰에 응하게 된 거다.

리처드 경험담을 들려주어 고맙다. 앞으로 행운이 깃들기 바란다.

전자 고맙다. 인터뷰가 책으로 나오면 꼭 읽어 보고 싶다.

약한 핵력 weak nuclear force. 약한상호작용 또는 약력이라고도 하는 이 힘은 자연계의 네 가지 기본 힘(중력, 전자기력, 강한 핵력, 약한 핵력) 가운데 하나로, Z보손과 W보손이 교환되며 발생한다. 힘이 약하다지만 짧은 거리에서는 중력보다 세다.

기준틀 여기서는 관점 또는 처지의 뜻으로 쓰였지만, 물리학에서 기준틀reference frame은 운동을 기술하는 기준이 되는 추상적 좌표계를 뜻한다. 원점origin(기준점point of reference), 기준선reference lines, 기준면reference planes이 그것인데, 이 좌표계에 뉴턴의 관성의법칙이 적용되면 이를 관성계, 또는 관성기준틀inertial frame of reference이라고 한다.

0.3 목성과의 인터뷰

리처드 평소처럼 탄생에 대한 질문으로 인터뷰를 시작하겠다. 어떻게 태어났는지 말해 달라.

목성 어, 그게 한 50억 년 전 일이라 기억이 가물가물하다. 널리 알려진 풍문에 따르면, 거대한 수소 구름이 중력붕괴를 일으키면서 빠르게 수축했다고 한다. 더욱 작아지자 더욱 빨리 회전했고, 더욱 뜨거워진 중앙부에 우리 태양이 생겨났다. 나는 태양에 끼어들지 못하고 왕따를 당했다.

리처드 기운 내라. 사람들은 오래도록 너를 경이로운 존재로 여겨 왔다. 고대 그리스와 로마 신들의 우두머리인 제우스, 곧 주피터 신의 이름을 따서 네 영어 이름을 지었다는 거 아나?

목성 그래 봐야 나는 되다만 별에 불과한걸.

리처드 되다만 별이라고?

목성 그렇다. 별이 되려다 실패했다. 나는 너희 태양과 마찬가지로 주로 수소로 이루어져 있다. 내가 조금만, 조금만 더 컸다면 융합이 시작되어 별이 되었을 거다. 스타. 항성恒星. 항상 스스로 빛나는 별 말이다. 나는 못난 무녀리 실패자다.

리처드 더 컸다면 어떻게 별이 되나?

목성 나는 중심부가 아주 뜨겁지만 별이 될 만큼 뜨겁진 않다. 중심부의 열기는 모든 수소가 서로 충돌하면서 내가 태어나고 남은 잔재에 불과하다. 양성자와 중성자가 결합해 헬륨 원자핵이 되는 핵융합을 하기 위해서는 중매를 잘해 줘야 한다.

리처드　중매를 하다니?

목성　둘이 결합하도록 소개를 잘해 줘야 한다는 뜻으로 쓴 말이다. 그러려면 내부 압력이 더 높아야 하고, 그러려면 더 많은 질량이 필요하다. 그런데 나는 그게 부족했다. 그래서 스스로 빛나지 못하고 남의 빛을 누렇게 반사나 하는 한심한 팔자가 되고 말았다.

리처드　힘내라고 응원하고 싶다. 지구에선 다들 목성을 찬미한다.

목성　찬미는 무슨.

리처드　사실이다. 암튼 네 이야기를 좀 더 해 달라. 너의 위성들은 어떤가?

목성　그들이야말로 내 자랑이자 기쁨이고, 삭막한 삶의 유일한 위안이 아닐 수 없다. 가장 큰 네 개의 위성인 이오, 유로파, 가니메데, 칼리스토는 내 자식과도 같은데, 지구에선 갈릴레이가 처음 발견했다. 다른 여러 위성 역시 사랑스럽지만, 녀석들은 네 개의 위성만큼 성장하지 못했다.

리처드　이오에 활화산이 수백 개 있다고 알고 있다. 지구에선 그 화산의 발견이 큰 이야깃거리가 되었다. 이오가 우리 달보다 질량이 조금 더 크기 때문에, 우린 이오가 머잖아 사망할 거라고 생각했다. 그러니까 이오가 지질 활동을 멈출 거라고.

목성　이오의 지질 활동은 내 기조력 때문이다. 기조력 영향으로 이오 내부가 가열되어 활화산 활동을 하게 된다.

리처드　응? 그럼 지구의 활화산과 다른가?

목성　전혀 다르다. 우린 삭막한 환경에서 어떻게든 빛나 보려고 나름 애쓰며 산다.

리처드　기조력이 뭔지 설명해 달라.

목성　어디 보자, 그러니까 지구에서 달이 조석潮汐을 만들어 내는 건 알고 있겠지. 썰물과 밀물 말이다. 달에 더 가까운 쪽 바다가 먼 쪽보다 더 강한 힘을 받기 때문에 생기는 현상이다. 인력을 더 크게 받는 쪽 해면이 높아지고 다른 쪽 해면은 낮아진다.

리처드　지구의 밀물과 썰물이 그래서 생기는구나?

목성　그렇다. 이오에 미치는 내 기조력은 이오의 모양을 일그러뜨릴 정도다. 티스푼을 앞뒤로 몇 번 구부렸다 폈다 해 보라. 그러면 티스푼이 뜨뜻해진다. 이오에서도 같은 현상이 일어난다. 그 현상은 내가 머무는 삭막한 우주 공간에서 누릴 수 있는 몇 안 되는 낙 가운데 하나다.

리처드　너에게는 토성처럼 고리도 있다던데.

목성 있지만, 토성과 다르다. 내 고리는 너무나 얇고 희미해서, 우주 탐사선 보이저 1호가 나를 찾아온 1979년에야 비로소 사람들이 알게 되었다. 그건 변변찮은 내 삶의 한 단면일 뿐이다. 그다지 도움도 안 된다.

리처드 대적반great red spot은 어떤가? 그게 지구보다 더 크다던데.
목성 그건 폭풍일 뿐이다. 때가 되면 사라질 거다.

리처드 목성의 색깔은 행성 가운데 가장 화려하다. 핑크에서 진홍, 선명한 노랑, 황갈색까지 온갖 색깔이 표면에 줄무늬를 이루고 있다. 그건 어떻게 생겨났나?
목성 뜨거운 가스는 상승하는데, 이건 상대적으로 밝다. 위쪽 가스는 식으면서 가라앉아 상대적으로 차갑고 어두운 띠를 이루며 내부로 돌아간다. 이것들이 서로 인접해 있어서 줄무늬로 보인다. 공기의 온도 차이로 생기는 지구의 무역풍 같은 거다. 지구 뱃사람들은 무역풍을 타고 신대륙을 발견하기도 했는데, 삭막한 우리의 액체수소 바다에서는 어떤 뱃사람도 닻을 올리지 않는다.

리처드 큼큼, 아, 헛기침을 해서 미안하다. 그런데 무엇 때문에 그런 화려한 색깔이 생기나?
목성 주로 황 때문이다. 별것도 아닌데, 작은 고추가 맵다지 않나.

리처드 무슨 말인지 알겠다. 확실히 너는 참 웅장해 보인다. 네가 더욱 기운을 차릴 수 있도록 응원하고 싶다.

목성 보이저 호도 멋졌고, 다른 탐사선도 좋았다. 나를 찾아 주어 고맙다. 탐사선이 좀 더 자주 들러 주면 좋겠다.

리처드 노력해 보겠다.

목성 고맙다.

리처드 내가 고맙다.

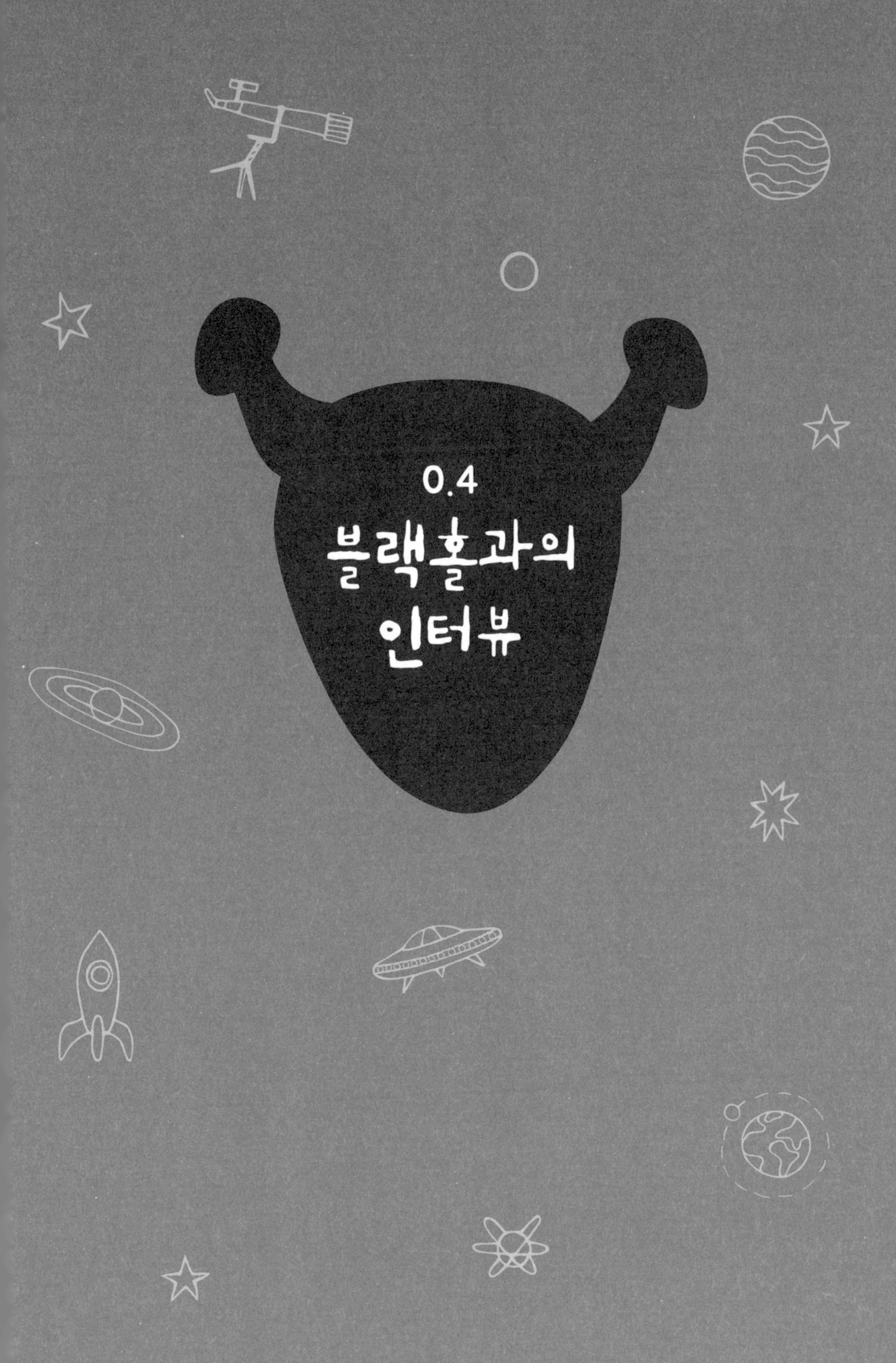
0.4
블랙홀과의
인터뷰

리처드 내가 멀리 뚝 떨어져 있다고 서운해하지 마라.

블랙홀 이해한다. 오히려 가까이서 내 사건 지평event horizon 안쪽을 넘봤다면 위험 경고를 했을 거다.

리처드 사건 지평이 뭔지 알려 달라.

블랙홀 음, 그럼 아인슈타인의 일반상대성이론의 장 방정식부터 설명해 주마. 그건 수축된 리만 텐서를 에너지-운동량 텐서와 결부한…….

리처드 아, 잠깐. 쉬운 말로 이야기해 줄 순 없나.

블랙홀 가능하다. 상상력은 발휘할 줄 아나?

리처드 아마도.

블랙홀 좋다, 그럼 커다란 검정 풍선을 상상해 보라. 이 검정 풍선은 지름이 1미터에 이른다. 이 지름이 2미터로 늘어서 반지름이 1미터가 되고, 10미터, 100미터, 몇천 미터가 될 때까지 부풀어 오른다. 상상이 되나?

리처드 아직까진 된다.

블랙홀 좋다. 이제 태양의 전체 질량이 그 풍선 중심에 모여서, 하나의 점 안에 압축되었다고 상상해 보라. 되나?

리처드 애쓰고 있다.

블랙홀 이제 검정 풍선 표면에서 뭔가가 안으로 들어가려고 한다고 상상해 보라. 어떤 것도 안에서 표면으로 나갈 순 없다. 입자도 빛도 못 나간다.

리처드 일방통행의 막처럼?

블랙홀 그렇다. 바로 이 가상의 풍선 표면을 우리는 사건 지평이라고 부른다. 다른 관점에서 돌아갈 수 없는 지점the point of no return이라고도 한다.

리처드 아주 강력한 로켓엔진이 있다면 탈출할 수 있지 않을까, 혹시?

블랙홀 유감이지만 못한다. 일단 사건 지평 안으로 들어가면 운명은 봉인된다. 어떤 행동을 하든 내부에서 벗어날 수 없다. 우린 그 중심을 특이점singularity이라고 부른다. 거기선 아무도 살아남을 수 없다.

리처드 어떤 것도 탈출할 수 없다면, 너는 어떻게 발견되었나?

블랙홀 항상 내 문을 두드리는 방문객이 있다. 사실 너무나 많은 손님이 안으로 들어오려고 해서, 러시아워의 도심지보다 더 붐빌 정도다. 너도나도 화가 나서 낯빛이 붉으락푸르락할 정도로 말이다. 실제로 블랙홀 주위 물질은 뜨겁게 가열되어 X선을 방출한다. 너희는 망원경으로 그 X선을 보고 측정할 수 있다.

리처드 그러니까 우리는 너를 볼 수 없고, 다만 사건 지평 외부의 가스를 볼 수 있을 뿐이다? 그것이 너의 존재를 확인하는 유일한 방법이다?

블랙홀 유일한 건 아니다. 나는 쌍성계의 두 별 가운데 하나가 될 수도 있으니까.

리처드 쌍성이라면 서로의 둘레를 도는 두 개의 별이란 뜻인가?

블랙홀 그렇다. 내 사건 지평을 지나가는 물질들 대부분이 그 짝별에서 왔다. 내 짝별은 인간이 관측할 수 있는데, 존재하지 않는 뭔가의 둘레를 도는 것처럼 보인다. 물론 그 뭔가가 바로 나다. 인간에게는 내가 보이지 않지만. 짝별의 궤도 움직임을 설명하기 위해서는 뭔가 무거운 천체가 근처에 있어야만 한다. 근데 그 천제가 보이지 않으니 대신 X선 복사를 찾아봐서, 그걸 발견하면 내가 존재한다는 사실을 미루어 아는 거다.

리처드 그것 참 어리둥절하다. 쌍성계의 하나는 별이고 다른 하나는 블랙홀이라니, 어떻게 그럴 수 있나?

블랙홀 설명하자면 길다.

리처드 시간 많다.

블랙홀 나 역시 시간은 많다. 하지만 시시콜콜 설명하고 싶지 않다.

리처드 암튼 고맙다. 사실 난 시간이 많지 않다.

블랙홀 알고 있다. 하지만 내가 시간이 많다는 건 사실이다. 우리는 거대한 수소 구름에서 생성되었는데, 목성이 설명한 태양계 탄생 과정과 비슷하다. 다만 규모가 더 클 뿐이다. 그런데 목성은 왜 그렇게 풀이 죽었나 모르겠다. 가여운 녀석.

리처드 그러게. 목성이 너무 침울해서 나도 놀랐다. 근데 이야기가 삼천포로 빠진 것 같다.

블랙홀 아, 참. 그 거대한 수소 구름이 붕괴하면서 우리 둘은 공동의 질량중심 주위를 공전하는 별이 되었다. 이런 걸 쌍성이라고 한다. 내 짝별은 너희 태양 질량의 두 배쯤 되고, 나는 세 배가 넘는다. 그래서 나는 아주 행복하고 밝은 별로 첫걸음을 뗐는데, 크기가 큰 만큼 더 빨리 타서, 수소는 헬륨이 되고 헬륨은 탄소가 되었다. 융합이 끝나자 나는 식기 시작했다. 하지만 궤도 때문에 나와 짝별은 아주 가까워져서, 강아지가 벼룩을 부르듯 나는 짝별의 물질을 조금씩 끌어당기기 시작했다. 더 뚱뚱해질수록 더 많이 끌어당겨서, 탄소 원자들은 끝내 막대한 중력으로 인한 압력을 견뎌 내지 못했다. 빵 터진 풍선처럼 붕괴한 우리는 오도독오도독 부서져 단단한 중성자 상태가 되었다. 중성자 겹침 압력, 더러는 중성자 축퇴압이라고도 하는 힘의 지지를 받아 중성자별이 될지도 모르겠다는 생각이 잠깐 들었지만…….

리처드 잠깐, 머리에 쥐 난다.

블랙홀 아, 미안. 중성자 겹침 압력 어쩌고 하는 것은 나중에 중성자별을 인터뷰할 때 다시 듣기 바란다. 암튼 중력장이 너무 강력해서 단단한 중성자조차 버틸 수 없었다. 그래서 중성자별로 머물지 못하고 무지막지한 붕괴 폭발을 일으켰다. 중력붕괴 결과 물질 대부분이 어마어마한 밀도로 계속 압축되어 점점 작아졌고, 빅뱅 이후 최대 폭발이 일어났다. 폭발한 데서 그치지 않고 그 과정에서 엄청난 에너지가 생성되었고, 지구에서 발견되는 모든 무거운 원소가 만들어졌다.

리처드 아, 잠깐, 그러니까 폭발하면서 철과 우라늄, 금, 납 따위의 무거운 원소가 만들어졌다고?

블랙홀 그렇다. 그게 다 붕괴 폭발의 결과다. 앞서 탄소 원자도 뭐라고 말했지만, 그녀의 이야기는 너무 시적이더라. 시인 난 줄 알았다.

리처드 폭발한 다음 어떻게 됐나?

블랙홀 음, 폭발한 다음, 물질의 반 이하가 남아서 붕괴를 계속했다. 그러다 잡힘 곡면이 형성…….

리처드 잡힘 곡면은 또 뭔데?*

블랙홀 아, 미안하다. 무엇보다 내가 하고 싶은 말은 그다음에 사건 지평이 생겼다는 거다. 한참 지나서야 무슨 일이 벌어지고 있는지 이해할 수 있었다. 나는 바깥을 내다볼 수 있었지만 그 누구도, 그 무엇도 안을 들여다볼 수는 없었다. 아무튼 남은 물질은 죄다 특이점으로 붕괴되었고, 이윽고 내가 태어났다.

잡힘 곡면

잡힘 곡면trapped surface은 사건 지평 내부를 일반상대성이론으로 설명하기 위해 만든 개념으로, 강력한 내부 중력 때문에 블랙홀에서 멀어지지 못하고 블랙홀 안으로 향하는 빛과, 중력을 이기고 블랙홀에서 멀어지는 빛 사이의 경계면을 가리킨다.

리처드　굉장하다! 그런데 그 어떤 것도 붕괴 과정을 멈출 수 없나?

블랙홀　그렇다. 중력은 다른 모든 힘을 압도한다.

리처드　알겠다. 다른 블랙홀도 대개 너와 같은 크기인가?

블랙홀　아, 나랑 같은 놈이 많지만, 운 좋게도 천문학자들은 더 큰 블랙홀도 여럿 발견했다.

리처드　더 크다면 얼마나?

블랙홀　내 질량은 태양과 비슷하다. 하지만 천문학자들은 태양 질량의 1천만 배에서 1억 배 사이에 이르는 블랙홀들도 관측했다. 실은 그런 블랙홀이 훨씬 더 안전하다.

리처드　더 안전하다고?

블랙홀　그렇다. 그런 블랙홀은 사건 지평에 아주 가까이 접근해도 안전하다. 내 경우, 네가 사건 지평에 접근하는 순간 기조력이 너를 갈가리 찢어버릴 거다. 사건 지평을 통과하기도 전에 말이다.

리처드　또 웬 기조력?

블랙홀　리만 텐서가…….

리처드　또 머리에 쥐 나려고 한다. 목성이 이오 위성에 영향을 끼친다는 기조력과 같은 건가?

블랙홀　그렇다. 내 중력장은 가여운 목성보다 훨씬 더 크기 때문에 훨씬 더 큰 영향을 미친다. 어디 한번 보여 줄까? 아니, 뒤로 내뺄 것까진 없다. 네 칠판 좀 써도 될까?

리처드 참아 주라. 난 방정식이랑 전혀 친하지 않다.

블랙홀 좋아, 그럼 이렇게 설명해 보자. 네가 내 사건 지평 안으로 떨어지면, 약 2조 톤에 이르는 기조력이 작용한다. 그러니까 그만큼의 힘으로 너를 종잇장처럼 쫙쫙 찢어 놓을 거란 소리다.

리처드 휴. 그런데 더 큰 블랙홀은 위험하지 않다고?

블랙홀 그렇다. 아무 탈 없이 사건 지평을 통과할 수 있다. 사실 은하열차를 타고 여행하는 기분을 만끽할 여유 시간마저 있을 거다.*

리처드 언제 한번 여행하고 싶다. 벌거숭이 특이점naked singularity이란 말을 들어본 적이 있는데, 아는 거 있나?

블랙홀 내 중심에 특이점이 있다고 아까 말하지 않았나.

리처드 특이점에 대해 한 번만 더 일러 달라.

블랙홀 그렇다면 여기 칠판을 봐라. 반지름이 0에 이르면 어떻게 될까?

초거대 질량 블랙홀

저자가 언급한 커다란 블랙홀Supermassive black hole은 작은 질량의 블랙홀보다 평균 밀도가 현저히 낮을 수 있다. 예컨대 물의 밀도보다 낮을 수도 있다. 부피가 워낙 크기 때문이다. 따라서 사건 지평 부근 기조력이 매우 약한데, 태양보다 1천만 배 무거운 블랙홀의 사건 지평 기조력이 지구 표면의 중력 수준으로 추정된다.

리처드 뭔 소린지는 알겠는데, 쉽게 말로 설명해 주면 안 될까?

블랙홀 음, 네가 많은 양의 물질을 꿍치고 있다고 치자. 내 경우에는 질량이 태양만큼 되니까, 수치로는 2×10^{30}킬로그램쯤 된다. 이게 몽땅 모여 있는 한 점이 바로 특이점이다. 하지만 내 사건 지평으로 꽁꽁 감싸여 있기 때문에 넌 그걸 볼 수 없다. 만일 사건 지평이 없다면? 그럼 바깥에서 특이점을 볼 수 있겠지. 이게 바로 벌거숭이 특이점이다.

리처드 그러니까 벌거숭이 특이점은 사건 지평이 없는 특이점이다?

블랙홀 그렇다.

리처드 그런 게 있을 수 있나?

블랙홀 아인슈타인의 일반상대성이론에 따르면 있을 수 없다. 특이점이 형성된다면 반드시 사건 지평이 존재해야 한다. 그건 입증되었다.

리처드 그럼 벌거숭이 특이점의 존재를 추정하는 이유는 뭔가?

블랙홀 앞서 입증되었다고 한 건 아인슈타인의 방정식, 그리고 물질의 압력과 에너지에 관한 모종의 가정들을 기초로 한다. 그런 가정들이 틀렸다면? 그럼 앞서의 입증도 타당성을 잃게 된다. 우주의 신비를 마주할 땐 활짝 열린 마음을 견지할 필요가 있다.

리처드 과학자들은 벌거숭이 특이점의 존재를 믿나?

블랙홀 대개는 안 믿는다. 로저 펜로즈*는 그런 게 있을 수 없다면서 우주 검열이라는 용어를 만들어 냈다. 벌거숭이 특이점이 안 만들어지게끔 우주가 스스로 검열을 한다는 가설이다.

리처드 궁금한 게 또 있다. 블랙홀끼리 충돌하면 어떻게 되나?

블랙홀 더 큰 블랙홀이 생긴다.

리처드 아, 그럼 더욱 많은 물질이 빨려 들어가면 어떻게 되나?

블랙홀 더 커진다. 내 사건 지평의 반지름은 질량에 정비례한다. 보여 줄 테니 이리 와 봐라. 블랙…….

리처드 직관은 사양하련다. 안 봐도 알 만하다. 네가 점점 커지면서 전체 은하를 꿀꺽할 수 있다면…….

블랙홀 그럴 순 없다. 내 사건 지평에서 멀어지면 내 중력장은 여느 물체의 중력장처럼 약해진다. 하지만 은하 중심 근처의 몇몇 블랙홀은 다른 별들과 블랙홀들을 게 눈 감추듯 게걸스레 잡아먹기도 한다.

리처드 그럼 우리가 블랙홀에서 유일하게 측정할 수 있는 게 중력장인가?

블랙홀 아니다. 내 각운동량* 과 전하도 측정할 수 있다.

로저 펜로즈 Roger Penrose, 1931~. 잉글랜드 태생. 현존하는 최고의 물리학자이자 수학자로 평가된다. 과학 분야 공로로 영국 기사 작위를 받았다. 스티븐 호킹과 공저한 혁신적인 이론서《특이점 정리》가 유명하다.

리처드 각운동량은 어떻게 측정하나?

블랙홀 솔직히 호락호락한 일은 아니지만, 우린 자전하면서 주위 입자들을 끌어당길 뿐만 아니라 공간도 살짝 끌어당긴다.

리처드 아니 공간을?

블랙홀 그렇다. 다시 말하면 관성계*를 끌어당긴다고 말할 수 있다. 이 말이 좀 띵하게 들릴지 모르지만, 암튼 그 영향을 관측할 수 있다.

리처드 그리고 전하도?

블랙홀 우리는 대부분 꽤 중립적이지만, 순양전하나 순음전하를 띨 수 있다. 과학자들은 우리의 전자기장을 측정할 수 있다.

리처드 왠지 어리둥절하다. 블랙홀로부터 그 어떤 것도 탈출할 수 없다면서 전기장은 어떻게 밖으로 드러나나?

블랙홀 그건 우리가 붕괴했을 때 이미 존재했다. 그건 그렇고 내가 주위 공간에 영향을 끼칠 수 없다고 말한 적 없잖나. 내 전자기장만이 아니라 중력장도 사건 지평이 생기기 전에 이미 존재했다. 사건 지평

각운동량 angular momentum, 회전운동하는 물체의 운동량. (직)선운동량linear momentum은 질량과 속도의 곱인데, 각운동량은 거기에 회전 반경을 또 곱한 값이다. 각운동은 회전운동과 동의어다.

관성계 inertial frames. 앞서 기준틀을 설명할 때 언급했는데, 한마디로 뉴턴의 관성의법칙이 적용되는 좌표계를 뜻한다. 관성 기준틀 또는 뉴턴의 기준틀이라고도 한다. 좌표계 곧 기준틀은 종류가 아주 많다.

이 생겼다고 해서 내가 나머지 우주로부터 완전 고립되진 않는다. 내 전하 한 톨도 탈출할 수 없고, 내 물질 한 톨도 탈출할 수 없지만, 내 힘의 장은 사건 지평이 생기기 전에 그랬던 것과 거의 똑같이 우주 공간에 영향을 끼친다.

리처드 그렇군. 알고 싶은 게 하나 더 있다.

블랙홀 물어봐라.

리처드 블랙홀과 관련해서, 웜홀이라든가 휜 시공간curved space-time이라는 소릴 들은 적 있다. 설명해 줄 수 있나?

블랙홀 물론이다. 아주 간단하다. 크루스칼Kruskal 좌표계를 이용해서 최대한 확장된 커Kerr 계량을 고려하면…….

리처드 민망하지만, 뭔 소린지 모르겠다.

블랙홀 엉? 아, 미안. 그럼 아까처럼 다시 상상력을 가동해 볼까?

리처드 그러지.

블랙홀 좋아. 수평의 북 가죽을 상상해 보자. 북 가죽이 호수만 한데, 이게 너무나 얇다. 아니, 아예 두께가 없다. 그냥 평평한 2차원 표면인 거다.

리처드 수평이라면 지평과 평행이라는 뜻인가?

블랙홀 그렇다. 이 표면 위에서 구슬을 굴리면 어떻게 될까?

리처드 똑바로 잘 굴러가겠지?

블랙홀 물론이다. 그럼 이제 북 가죽에 탄력이 있다고 상상해 보자. 네가 한복판에 서 있으면 가죽이 아래로 푸욱 들어간다. 근데 네가 서 있는 중앙 근처는 곡면으로 휘고, 멀리 떨어진 곳은 여전히 평평하다.

리처드 이해된다.

블랙홀 물질이 공간을 휘게 하는 방식이 꼭 그렇다. 넌 3차원공간에서 호사스러운 침대에 누워 굴러 봤을 테니, 그런 2차원 곡면을 상상하는 건 일도 아니겠지. 물질은 3차원공간도 휘게 하지만, 너는 그걸 눈에 선하게 그려 볼 수가 없다. 4차원공간에서 굴러 봤어야 하는데 그런 적이 없어서다. 지금 칠판에 방정식을 늘어놓고 싶은 게 그 때문이다.

리처드 비유는 알아들었다. 내가 무거울수록 표면을 더 휘게 하듯이, 질량이 클수록 공간도 더 휜다 이거지? 맞나?

블랙홀 그렇다. 네 질량이 극단적으로 크다면? 그럼 네가 푹 파묻혀서 아주 깊숙하고 좁은 관을 형성하겠지. 터널 같은 거 말이다. 그때 근처에 구슬을 굴려 보라. 구슬은 관 밖으로 나가지 못하고 아래로 떨어진다. 돌아갈 수 없는 지점이 바로…….

리처드 사건 지평이지! 그렇게 설명해 주니 머리에 쏙쏙 들어온다. 그럼 웜홀은 뭐지?

블랙홀 웜홀은 사실상 수학적 발견*이라고 해야 할 것 같다. 수학 이야기를 하면 또 진저리 치겠지?

리처드 그럴 거다.

블랙홀 그럼 두루뭉수리 말할 테니 이것만 알아 둬라. 좌표계로 공간을 기술할 때 서로 다른 갖가지 좌표계를 이용할 수 있다는 것 말이다. 그런데 웜홀을 발견했다는 건 특별한 좌표계를 발견했다는 뜻이다. 그 특별한 좌표계의 블랙홀 밖에서 네가 가시화할 수 있는 우주 공간은 전체 공간의 반밖에 안 된다. 너는 나머지 반을 보지 못하는 거다.

리처드 딱히 와 닿지 않는다.

블랙홀 종이 한 장을 상상해 보라. 전체 종이가 좌표계로 채워져 있다. 그래프용지처럼 수평선과 수직선으로 꽉 채워져 있는 거다. 근데 나중에 알고 보니 이 종이가 반으로 접혀 있었다고 가정해 보라. 접힌 안쪽은 아무런 좌표도 없이 텅 비어 있었고. 바꿔 말하면, 처음의 좌표계가 부실하게 우주 공간의 반만 기술한 거다. 블랙홀 바깥에서 우주 공간을 아무리 가시화해 봐야, 허용된 공간의 반만을 볼 수 있단 이야기다.

다른 북 가죽을 상상해 보자. 이건 아까의 북 가죽과 똑같은데, 다만 멀리 떨어져 있다. 이 북 가죽 역시 한복판에 질량이 막대한 물체가 놓

웜홀의 수학적 발견

웜홀은 수학적으로만 존재한다는 뜻이다. 시공간이 중력에 의해 휜다는 것을 밝힌 일반상대성이론에 따라 블랙홀의 존재가 예언되었고, 이후 블랙홀은 실제로 존재한다고 인정되었다. 웜홀 이론은 이 블랙홀을 바탕으로 한다.

여 있어서 중앙에 아주 깊고 좁은 관이 나 있고, 그곳에도 사건 지평이 형성되어 있다. 자, 이 두 개의 아주 얇은 관이 서로 연결되어 있다고 상상해 보자! 이 연결 통로를 바로 아인슈타인-로젠 다리, 또는 목구멍, 또는 웜홀이라고 한다. 제2의 블랙홀은 아까 접혀 있어서 몰랐던 종이의 반쪽과 같은 거다.

리처드 블랙홀 두 개를 봐야 마땅한데, 우리는 하나만 볼 수 있다?

블랙홀 두 블랙홀은 서로 멀리 떨어져 있을 수도 있으니까 그건 아니다. 제2의 블랙홀은 어디에나 존재할 수 있다. 다른 은하계에 존재할 수도 있고.

리처드 또 다른 블랙홀이 어디 있든, 너도 그것과 연결되어야겠네?

블랙홀 전엔 연결되어 있었는데 이젠 아니다. 웜홀은 구조가 역동적이고 워낙 불안정해서, 쭉 뻗어서 연결되었다가도 뚝 끊어져 버린다. 내 웜홀은 진작에 끊어졌다.

리처드 정말 배울 게 많은 인터뷰였다. 네가 언급한 방문객들이 슬슬 다가오는 게 보인다. 한번 들어가면 두 번 다시 나오지 못하겠지.

블랙홀 그럴 거다.

리처드 그럼 너는 줄곧 커지겠구나?

블랙홀 그럴 거다.

리처드 이런, 벌써 시간이 한참 됐다. 다음 인터뷰를 하러 떠날 시간이다. 인터뷰에 응해 주어 정말 고맙다.

0.5 우라늄 원자와의 인터뷰

리처드 아름다운 밤이다. 네가 어떻게 탄생했는지부터 이야기해 주겠나?

우라늄 원자 나는 초신성 폭발로 탄생했다.

리처드 초신성은 별이 자신의 무게에 눌려 붕괴되면서 물질이 상상을 초월하는 고밀도로 압축될 때 일어나는 현상이지?

우라늄 원자 그렇다. 물질이 초고밀도로 압축되는 순간, 수많은 양성자와 중성자가 서로 뭉쳐서, 무거운 원소를 포함한 사실상의 모든 원소가 만들어진다.

리처드 블랙홀과 인터뷰할 때 언급된 붕괴 과정과 근본적으로 동일한가?

우라늄 원자 그렇다. 근데 수학밖에 모르는 그녀한테 뭔가 유익하고 솔깃한 이야기를 뽑아내다니 놀랍다. 참 신통방통하다. 진짜 애썼다.

리처드 고맙다. 암튼 너는 초신성 폭발로 태어나, 여기까지 먼 여행을 와서 지구의 일부가 된 건가?

우라늄 원자 우여곡절 끝에 그렇게 됐다.

리처드 우여곡절?

우라늄 원자 솔직히 말하면, 나는 너희 태양계가 만들어지고 남은 잔해의 일부로 여기 왔다.

리처드 잔해라고?

우라늄 원자 나는 작은 소행성의 일부였다.

리처드 그럼 소행성 띠 안에 있었을 텐데, 여긴 어떻게 왔나?

우라늄 원자 소행성 띠는 화성과 목성 사이에 있는데, 사실 나는 거기 속해 있지 않았다. 조촐하게 몇몇 소행성과 같이 다녔는데, 인간들이 지구 근접 소행성이라고 부른다.

리처드 지구에서 얼마나 가깝기에?

우라늄 원자 음, 대부분 태양에서 1 내지 2AU 떨어져 있다.

리처드 AU는 천문단위인가?

우라늄 원자 그렇다. 태양에서 지구까지의 거리를 1AU* 라고 한다.

리처드 어쩌다 지구로 오게 되었나?

우라늄 원자 어느 시건방진 혜성이 초대장을 보냈다. 자기 파괴적 성향을 지녔는지, 정말 불경스러울 정도의 속도로 태양을 향해 날아가

에이유

AU, Astronomical Unit천문단위의 약어. 공전궤도가 타원형이라 거리가 일정치 않지만, 평균을 내서 정확히 1억 4,959만 7,870.7(약 1억 5천)킬로미터로 정의되었다. 태양계 내의 거리나 다른 항성들 주위 거리를 기술할 때 편리하다. 참고로, 소행성 띠를 기준으로 안쪽 행성 네 개를 내행성, 바깥 행성 네 개를 외행성이라 한다. 내행성은 표면이 딱딱한 지구형 행성이고, 목성형으로 불리는 외행성은 주로 가스나 얼음으로 이루어져 있다.

던 혜성이 내 곁을 너무 가까이 지나가며 내 궤도를 뒤흔들어 놓은 거다. 난 갈팡질팡했다. 어느 순간 지구에 무척 가까워져서 자폭 비행편대처럼 추락하기 시작했다. 그 혜성은 태양에 너무 가까이 다가갔다. 굳바이. 쌤통이다.

리처드 그게 언제였나?
우라늄 원자 확실치 않은데, 한 8~9억 년 전일 거다.

리처드 소행성과 혜성이 서로 시샘하는 것 같다?
우라늄 원자 그럴 리가. 하지만 혜성들은 확실히 자기들이 더 잘났다고 뻐긴다. 공작새처럼 거들먹거리며 꼬리를 1AU, 더러는 3.8AU만큼이나 길게 늘어뜨린 녀석도 있었다.

리처드 소행성의 일부일 때 혜성을 가까이서 봤다니, 혜성과 소행성이 어떻게 다른지 잘 알겠다.
우라늄 원자 글쎄, 워낙 순식간에 지나쳤지만, 모를 것도 없다. 대개 소행성은 단단한 무기물로 이루어졌다. 주로 탄소인 것도 있고, 철 성분이 더 많은 것도 있는데, 근본적으로 다들 단단한 물질로 되어 있다. 고작 가스나 얼음 섞인 먼지 꼬리로 허세를 부리는 허약한 혜성과는 질이 다르다. 대부분의 소행성은 거의 원형 궤도를 돌지만, 지구근접 소행성은 이심離心, eccentric궤도를 돈다.

리처드 이심궤도는 타원 꼴이지?

우라늄 원자 그렇다. 더 길고 더 납작한 타원일수록 이심률이 크다고 말한다. 혜성 궤도는 이심률이 극도로 크다. 더러는 태양계에 방목이라도 된 양 긴 쪽 지름이 10~30AU에 이르고, 그보다 훨씬 더 먼 것도 있다. 내가 보기에 혜성은 태양계의 역병이다.

리처드 혜성과 소행성의 또 다른 차이점은 없나?

우라늄 원자 음, 아까 말했지만 소행성은 예쁘고 단단한데, 혜성은 해묵은 더러운 눈덩이다.

리처드 진짜?

우라늄 원자 녀석들은 대부분 얼음, 서벗, 암모니아, 탄산 얼음 따위에 무기물이 조금 섞였을 뿐이다. 더러 얄궂은 녀석은 모든 게 꽁꽁 얼어붙어 있어서 소행성이라고 착각하기 쉽다. 하지만 태양 가까이 이르면 얼음이 녹아서 자못 고상해진다…….

리처드 고상?

우라늄 원자 딱딱한 게 가스로 변해서 말이다. 입자들은 증발하면서 우주 공간으로 분사되지만, 혜성은 여전히 궤도에 남아 거창한 꼬리를 늘어뜨린다.

리처드 알겠다. 주제에서 벗어난 이야기라 미안하지만, 너의 본질을 묻기 전에 우선 네가 여기 도착한 경위를 간단히 말해 달라.

우라늄 원자 솔직히 말해서, 난 갑자기 납치된 셈이다. 수십억 년 동안 너희 태양 둘레를 돌다가 어느 날 불현듯 지구 행성을 향해 점점 빨리 끌려갔다. 새집이 마음에 들지 슬슬 궁금해질 무렵, 우리 외피가 점점 뜨거워졌다. 그리고 평생 처음으로 우리는 장엄한 볼거리가 되었다. 시속 3만 킬로미터가 훨씬 넘는 속도로 대기를 질주하면서, 지상 최대의 불꽃놀이 저리 가라 할 만큼 하늘을 휘황찬란하게 밝혔다. 하지만 우리가 착륙했을 때 일어난 일에 비하면 그건 보름달 아래 반딧불 같았다.

리처드 그때 너의 소행성은 얼마나 컸나?

우라늄 원자 지름이 1킬로미터쯤 됐다. 너희 행성 크기에 비하면 아주 작았지만, 우리 때문에 일어난 소동을 보고 눈이 다 휘둥그레졌다. 우리는 너희가 오늘날 캐나다라고 부르는 곳에 떨어졌다. 10^{21}줄•의 운동에너지가 열과 충격파로 바뀌면 무슨 일이 벌어질지 상상이 가겠지.

리처드 상상이 가면 좋겠지만, 그냥 설명해 주면 안 되겠나?

우라늄 원자 내가 땅에 떨어지자마자 엄청난 운동에너지가 소행성과 더불어 주위 지구 물질 일부를 녹여 증발시켰다. 부분적으로 녹아 버린 물질이 격하게 물결치며 바깥으로 퍼졌다. 엄청난 열기가 수 킬로

joule. 일 또는 에너지 단위. 1뉴턴(1kg·m/s^2)의 힘으로 물체를 1미터 이동했을 때 한 일이나, 그에 필요한 에너지(1kg·m^2/s^2)가 1줄이다. 직류 전기에너지로는 1볼트 전압에 1암페어 전류, 곧 1와트가 1초 동안 흘렀을 때의 에너지가 1줄이다. 10^{21}줄의 에너지는 석유 약 1,500억 배럴의 에너지에 해당한다. 한국은 석유를 연간 9억 배럴 정도 소비한다. 최근 전 세계 소비량은 연간 34억 배럴 정도다.

미터 주위의 대기 온도를 상승시켰고, 불의 폭풍을 일으켜 주위 수백 킬로미터를 잿더미로 만들었다. 그 모든 일이 불과 몇 초 만에 이루어졌는데, 사실 그건 별거 아니었다. 폭발 잔해 대부분이 작은 입자 형태로 대기에 안개처럼 퍼졌고, 확산된 불길에서 피어오른 연기가 대기의 질소와 산소를 이산화질소와 이산화탄소로 바꾸어 놓았다. 소행성 충돌과 그 뒤에 일어난 일 때문에, 모든, 아니 대부분의 생명체가 멸종되고 말았다.

리처드　다음에 무슨 일이 일어났나.

우라늄 원자　어둡고 흐린 대기가 햇빛을 차단해서, 약 40년 동안 지구가 추워졌다. 그땐 인간들이 빙하기라고 부르는 시기가 아니었지만 거의 모든 곳이 얼어붙었다. 하지만 이윽고 대기에서 입자와 검댕이 사라지자, 이산화탄소가 지표에서 반사된 적외선 복사열 대부분을 흡수했다.

리처드　온실 효과를 일으켰단 뜻인가?

우라늄 원자　빙고! 그 후 지구 전체가 초토화되었다. 전에 얼어붙었던 바위로 달걀 프라이를 할 수 있게 된 거다. 달걀만 있다면. 하지만 알다시피 시간이 약이다. 지구는 예전 같지 않았지만 다시 질소-산소 대기로 돌아갔고, 혜성 녀석들만큼이나 끈질긴 생명체가 다시 붐비기 시작했다.

리처드　참 범상치 않은 이야기다. 그런 일이 또 일어나리라고 보나?

우라늄 원자 혜성 녀석들은 믿을 수가 없다. 그 멍게들 가운데 어떤 녀석이라도 소행성을 궤도에서 이탈시킬 수 있다. 그리고 혜성은 성미가 고약해서 스스로 지구를 들이받기도 한다. 알다시피 그 결과가 바로 지구의 바다다.* 덧붙여 말하면, 지구는 맨날 하루에 줄잡아 2억 번씩은 얻어맞고 있다. 주로 작은 돌이나 금속 덩어리한테 얻어맞지만.

리처드 그건 별똥별 이야기로군. 혜성과 소행성에 대해 이야기해 줘서 고맙다. 근데 이제부터 본격적인 인터뷰에 들어갔음 싶다.

우라늄 원자 준비됐다.

리처드 이걸 이야기해 줄 수 있는지 모르겠다. 그러니까 U-235랑 U-238이란 말을 들은 적이 있는데, 둘 다 우라늄 원자인가?

우라늄 원자 그렇다. 나는 U-238이다. 나한테는 92개의 양성자와 146개의 중성자가 있다. 합쳐서 238개다. 물론 전자도 92개 있다. 중성자 세 개가 줄어들면 U-235가 된다. 내 형제들, 그러니까 인간들이 동위원소라고 부르는 존재는 U-232부터 U-238까지 있다.*

리처드 U-238이 U-235보다 중성자가 세 개 많은 것 말고 다른 차

혜성과 바다 얼음으로 이루어진 혜성과의 충돌로 바다에 필요한 물과 유기화합물이 지구에 유입되었다는 게 정설이다. 혜성이 지구에 생명을 가져다준 셈이다.

우라늄 U는 우라늄 원소기호, 92는 원자번호(양성자 수), 238은 원자질량이다. 우라늄은 은, 수은, 주석보다 풍부한 원소로, 천연 우라늄의 0.7%가 U-235이고, U-238은 99.3% 가까이 된다.

이는 없나?

우라늄 원자 없다. 하지만 그 작은 차이 때문에 모든 것이 달라진다.

리처드 어떻게?

우라늄 원자 그걸 알려면 내가 불안정하다는 것부터 알아야 한다.

리처드 그래, 나중에 그걸 물어볼 생각이었다.

우라늄 원자 우선 큰 원자에 대해 짚고 넘어가자. 양성자가 다른 양성자와 가까이 붙어 있으면 견디질 못한다는 거, 이것을 잘 기억해 두기 바란다.

리처드 같은 전하끼리는 서로 밀어낸다는 이야기인가?

우라늄 원자 그렇다. 핵에 양성자가 많을수록 반감이 고조되어, 이내 하나 이상의 입자가 방출된다.

리처드 그게 방사선인가?

우라늄 원자 그렇다. 조만간 나는 더 작은 원자로 붕괴할 운명이다. 하지만 운 좋게도 내게는 여분의 중성자가 세 개 있다. 중성자는 양성자를 살살 달래서 서로 떼어 놓고 여유 공간을 만들어 준다. 나는 U-235보다 중성자가 세 개 더 많으니까, 내 핵은 그만큼 불안정성이 줄어든다. 그래서 나는 기대 수명이 좀 더 길다.

리처드 얼마나 오래 사는데?

우라늄 원자 내 반감기half-life는…….

리처드 잠깐, 반감기에 대한 내 기억을 좀 되살려 달라.

우라늄 원자 그래. 방 안에 1천 개의 물건이 있다고 치자. 근데 일주일 후 500개만 남는다. 일주일 더 지나면 250개가 남는다. 또 일주일 후에는 125개가 남는다. 이런 식으로 계속되어, 언제 다 사라질지는 기약이 없다.

리처드 그러니까 그 물건들의 반감기가 일주일이다?

우라늄 원자 맞다. 우리 마음을 좀먹는 근심거리는 도대체 우리가 언제 결딴날지 알 수가 없다는 거다. 언제든 결딴날 수 있지만, 평균적으로 그게 언제일지는 말할 수 있다.

리처드 그럼 너의 반감기는 어떻게 되나?

우라늄 원자 내 반감기는 줄잡아 50억 년쯤 된다. 그런데 U-235의 반감기는 내 10분의 1 남짓밖에 안 된다. 그 때문에 자연계에 조금밖에 존재하지 않는다.

리처드 그 이야길 듣고 보니 궁금했던 게 또 떠오른다.

우라늄 원자 얼마든지 물어봐라.

리처드 너도 잘 알겠지만 우라늄은 원자폭탄을 만드는 데 쓰인다. 맘이 편치는 않겠지만 폭탄 이야기 좀 해 줄 수 있나?

우라늄 원자 역사를 살짝 들춰 보자. 나는 제2차세계대전 당시 발족한 맨해튼 프로젝트 도중 채굴되었다. 보아하니 인간들은 스스로를 학살할 의도가 있는 듯했고, 나는 그런 짓에 동참할 뜻이 없었다. 암튼 나와 같은 U-238이 997개 채굴될 때, 인간들이 폭탄 제조 만드는 데 쓰는 U-235는 대략 세 개밖에 채굴되지 않는다. 인간들은 채굴된 광석을 힘들게 정련해서 먼저 우라늄 정광을 얻고, 다음에 U-235를 얻는다. 일단 거의 순수한 U-235를 얻으면, 그걸로 폭탄을 만든다.

리처드 그것에 대해 특별히 할 말은 없나?

우라늄 원자 경험담을 들려줄 수 있다.

리처드 네가 원자폭탄의 일부였단 말인가? U-235만 원자폭탄에 쓰인다고 하지 않았나?

우라늄 원자 불순물도 섞여 들게 마련이다. 히로시마 다음으로 나가사키에 폭탄이 투하된 이야길 듣고 우리 모두 아연실색했다. 그렇게 많은 우리 형제들이, 그렇게 대규모로 학살되는 것을 일찍이 그 누구도 본 적 없었다. 우린 충격을 받고 겁에 질렸다. 생전 처음, 다시 소행성 시절로 돌아가고만 싶었다. 원자폭탄의 물리학이야 잘 알지만, 어떻게 인간들이 스스로를 그토록 무자비하게 학살할 수 있는지 도무지 모르겠다. 때로 인간들의 최고 목적이란 바로 생명의 우주를 파괴하는 것 아닌가 싶을 정도다. 그런 끔직한 계획에 억지로 끼어들어 엄청난 파괴를 불러왔다는 건 정말 우울한 일이다.

리처드 우리는 그렇게 참혹한 파괴를 방지하기 위해 나름 최선을 다하고 있다.

우라늄 원자 그렇게 생각하나?

리처드 내 생각은 그렇다.

우라늄 원자 누가 먼저 결딴날지 모르겠다. 나일까, 너희일까?

리처드 그게 무슨 소린가?

우라늄 원자 내가 하시라도 하직할 수 있단 사실을 잘 알고 있다. 하지만 너희 전체 종족도 하시라도 하직할 수 있단 뜻이다. 우린 원치 않는데도 너희 멋대로 우리를 저승길 동무 삼아 말이다.

리처드 하지만…….

우라늄 원자 겪어 봐서 안다. 내가 바로 거기 있었다.

리처드 뭘 안다는 건가?

우라늄 원자 진짜 알고 싶나?

리처드 진짜다.

우라늄 원자 요행히 난 그 전쟁 때 사용되지 않았다. 하지만 남은 방사성물질은 계속 보관되고 정련되었다. 내가 폭탄의 일부가 된 것은 몇 년 후였다. 몇 년 동안 비축고에 있다가 폭격기에 실렸다. 처음에는 무슨 시운전을 하나 보다 했는데, 폭탄이 활성화되자 나와 아마겟돈 사이 거리는 1,500미터밖에 되지 않았다.

리처드 살 떨린다. 그게 무슨 뜻인가?

우라늄 원자 나는 완전무장되었고, 투하될 준비까지 다 마친 상태였다. 그 시점에서 기폭 장치에 연결된 고도계가 폭파를 담당하는데, 최대 폭발 고도에서 폭발이 일어난다. 우린 MDA(Minimum Descent Altitude, 최저 강하고도) 상공 1,500미터에 있었다. 그러다 투하되기 불과 몇 분 전에 작전이 취소되었다.

리처드 믿기지 않는 이야기다. 그게 언제였나?

우라늄 원자 확실히 알고 싶나?

리처드 됐다. 정치 문제에 기웃댈 생각은 눈곱만큼도 없다.

우라늄 원자 우라늄과 정치는 나트륨과 염소처럼 찰떡궁합이다.

리처드 알고 있다. 그래도 원자폭탄이 어떻게 작동하는지 조금만 이야기해 줄 수 없나.

우라늄 원자 음, 내가 하시라도 쪼개질 수 있다는 건 알고 있지? 그럴 경우 나는 에너지를 방출하는데, 인간들이 이용하고 싶어하는 게 바로 그 에너지다. 허드렛일을 하면서 실제로 쓰고 있기도 하다. 그런데 나의 소멸을 촉진하는 방법이 있다. 중성자 하나를 내게 보내는 것도 한 가지 방법이다. 중성자를 적절한 속도로 흡수시키기만 하면 내가 쪼개지도록 확실히 유도할 수 있다. 이 모든 과정의 핵심은 내가 쪼개지면서 많은 에너지와 함께 중성자 두 개를 내보낸다는 것이다. 내보낸 중성자가 또 다른 원자핵과 부딪혀 또다시 쪼개지고, 또 쪼개진다. 눈 한 번 깜짝하기도 전(1백만 분의 1초)에 사실상 모든 원자가 다 쪼개져 버린다.

리처드 그걸 연쇄반응이라고 부르지. 그런데 맨 처음엔 어떻게 시작하나?

우라늄 원자 그건 우리가 아니라 너희가 하는 거다.

리처드 미안하다. 그게 어떻게 시작되나?

우라늄 원자 임계질량* 이란 게 있다. 고순도로 정련된 U-235 약 10킬로그램을 하나로 뭉쳐 놓으면 붕괴를 유도할 수 있는 수준의 중성자를 확보하게 된다. 그 임계질량 이하의 덩어리 두 개를 서로 떼어 놓은 것이 원자폭탄이다. 폭발시킬 때는 그걸 서로 합치면 된다. 대개 재래식 화약을 터트려 한쪽 우라늄 덩어리를 다른 우라늄 쪽으로 밀어 주면 서로 합쳐져서 임계질량을 넘어서게 되고, 연쇄반응이 일어난다. 그리고 쾅!

리처드 그게 단가?

우라늄 원자 그게 다다.

임계질량 critical mass. 핵분열 연쇄반응을 유지하는 데 필요한 최소 질량. 원자핵은 그 크기가 원자의 10만 분의 1에 불과하기 때문에, 중성자가 원자핵을 때릴 확률이 매우 적다. 이 확률을 높여 어떻게든 원자핵과 충돌할 수 있을 만큼 모아 놓은 우라늄의 양을 임계질량이라고 한다.

리처드 원자폭탄에서는 어떻게 탈출했나?

우라늄 원자 솔직히 나는 원자폭탄보다 훨씬 더 지독한 수소폭탄의 일부였다.

리처드 민망하지만 잘 모르겠다. 원자폭탄과 수소폭탄의 차이를 설명해 달라.

우라늄 원자 그냥 간단하게 원자폭탄을 수소에 담갔다고 생각하면 된다. 원자폭탄이 폭발하면, 수소가 수백만 도 이상으로 가열된다. 그건 양성자가 서로 충돌할 수 있을 만큼 큰 에너지를 지녔다는 뜻이다. 물론 이 과정에서도 중성자가 중요하다. 하지만 별의 중심부에서 일어나는 일처럼, 수소가 융합해서 헬륨이 되고, 그 핵융합이 에너지를 발생시킨다.

리처드 잠깐 정리 좀 해 보자.

우라늄 원자 얼마든지.

리처드 그러니까 우라늄이 쪼개져서 핵분열이 일어나면 에너지가 발생하고, 수소가 결합해서 핵융합이 일어나도 에너지가 발생한다고? 이래도 좋고 저래도 좋다니 믿기지 않는다.

우라늄 원자 달리 보면, 이래도 안 좋고 저래도 안 좋다.

리처드 그러고 보니 또 그렇다. 정말 이럴 수도 있고 저럴 수도 있나?

우라늄 원자 그렇다. 내가 핵분열 이야기를 했을 때, 그건 무거운 원자 이야기였단 걸 잊지 마라. 핵융합은 가벼운 원소에게서 일어난다. 수소에서 헬륨으로, 헬륨에서 탄소로, 이어 철로 융합할 때 말이다. 철보다 더 무거운 원소는 분열하길 좋아하고, 그보다 더 가벼운 원소는 융합하길 좋아한다.

리처드 그건 왜인가?

우라늄 원자 원자를 하나의 격투장이라고 생각해 보라. 양성자들은 전기적 반발력 때문에 서로 밀어내려 하고, 핵력은 모두 다 결합해 놓으려고 한다. 전기장은 더 먼 거리에서도 강하게 작용하는 반면, 핵력은 폐쇄된 영역에서 더 강하게 작용하고 거리가 멀어질수록 약해진다. 예를 들어 내 경우 한쪽 양성자가 다른 쪽 입자 때문에 핵의 인력을 거의 느끼지 못하지만, 전기적 반발 작용, 그러니까 척력은 아주 따끔하게 느낀다. 그래서 원자를 충분히 크게 만들면, 전기적 척력이 핵의 인력을 압도하게 된다. 그 힘의 균형을 이룬 중간 지점에 있는 게 철이라서, 우주에서 철 원자가 가장 안정된 원자다.

리처드 알겠다. 근데 넌 어떻게 수소폭탄에서 탈출했나?

우라늄 원자 정기 점검 때 외피에 균열이 발견되었다. 폭탄을 해체하는 동시에 개량한다면서 원자폭탄으로 바꿔 만들었다. 그 도중에 탈출했다. 나를 시설에 완전 생매장하려는 시도가 있었지만, 나는 지구 대기로 탈출해서 결국 이 인터뷰에 응하게 된 거다.

리처드 정말 흥미진진했다. 앞으로는 어쩔 생각인가?

우라늄 원자 물론 항상 앞으로의 날들이 이어지길 바라지만, 문제는 내가 언제 소멸될지 모른다는 거다. 자연적으로든 인위적으로든.

리처드 네가 인위적인 소멸을 당하지 않도록 많은 사람이 애쓰고 있으니 안심해라.

우라늄 원자 하지만 또 다른 많은 사람이 반대의 노력을 하고 있다. 그래도 좋다. 오래도록 내가 어떤 존재였는지 알았으니 말이다. 솔직히 이 우주에 태어났다는 것만으로도 얼마나 운이 좋은가. 더욱 다행스러운 것은 여분의 중성자가…….

리처드 맙소사! 그새 하직한 거냐?

0.6 페르미온과 보손과의 인터뷰

리처드 둘이 합동 인터뷰에 응해 주어 고…….

보손 (불쑥 나서며) 아니, 이건 짚고 넘어가지 않을 수 없다. 인터뷰 제목에 페르미온 이름이 먼저, 그러니까 내 앞에 먼저 나온다는 사실에 이의를 제기하는 바이다.

리처드 미안하지만, 순서는 무작위로 정했다. 바꿔 주고는 싶지만 어서 인터뷰를 시작해야 할 것 같다. 보손과 페르미온*의 차이에 대해 먼저 말해 달라.

보손 (페르미온이 입을 뻥긋하기도 전에) 얘가 왜 여기 있는지 진짜 영문을 모르겠다. 보손이야 행동이 존재하는 곳 어디나 존재한다. 우리는 역동적이다. 상호작용을 일으키고, 이런저런 일들이 일어나게 한다. 우리가 존재하지 않으면 저 따분한 페르미온은 아주 따분한 세상을 정처 없이 떠돌고만 있을걸?

페르미온 (참을성 있게 기다렸다가) 내가 우리의 차이점을 설명해 주겠다. 먼저, 발견된 모든 입자는 페르미온 아니면 보손이다.

보손 (불쑥 나서며) 들었지? 얘가 페르미온을 먼저 말하잖아. 좋아, 한 번 봐 준다. 계속해 봐.

보손과 페르미온

보손boson은 보스입자라는 뜻으로, 인도 물리학자 사티엔드라 나트 보스Satyendra Nath Bose의 이름을 땄다. 페르미온fermion은 페르미입자라는 뜻으로, 이탈리아 물리학자 엔리코 페르미Enrico Fermi의 이름을 땄다. 예외(애니온anyon이나 유령 입자)가 있지만 자연계의 모든 입자는 스핀값에 따라 페르미온과 보손으로 나뉜다.

페르미온　입자는 스핀 속성을 갖는다. 지구가 지축을 중심으로 회전하듯이.

보손　(다시 불쑥) 아니야, 지구가 지축을 중심으로 회전하는 것과는 달라. 입자의 스핀은 움직여서 발생하는 게 아니라고. 우린 스핀을 타고났어. 질량이나 전하를 타고나듯이.

페르미온　그 말이 맞다. 나는 비유를 한 것뿐이다. 암튼 우리의 스핀은 $\hbar$라는 단위로 측정되는데, $\hbar$는 플랑크상수(h)를 2π로 나눈 값이다.* 스핀값이 1/2, 3/2, 5/2…… 등 반정수인 입자는 페르미온이라 불리고, 스핀값이 0을 포함한 정수이면 보손이라 불린다. 간단하게 페르미온은 반정수 입자, 보손은 정수 입자라고 부르기도 한다.

보손　(덧붙이며) 또 틀렸어. 저렇게 두루뭉수리 일반화하는 게 바로 페르미온의 전형적인 버릇이야. 얘가 말한 스핀은 Z축 스핀의 성분인데, 우린 그걸 제트 성분(z-component)이라고 부른다.

리처드　그걸 전제하면 페르미온의 말이 맞나?

보손　(인정하며) 그렇다.

리처드　입자의 예를 들어 줄 수 있나? 페르……, 그러니까 보손과 페르미온의 예 말이지.

보손　물론이지. 빛의 입자인 광자는 스핀값이 1이니까 보손이다. 약

플랑크상수와 디랙 상수

플랑크상수는 양자역학 기본상수 가운데 하나로, 입자 에너지와 드브로이 진동수의 비($h=E/f=6.62607004\times10^{-34}$ J·s)이다. $\hbar$영어로 에이치 바, 독일어로 하 크베어는 디랙 상수라고 한다. 스핀은 소립자의 각운동량으로, 스핀값이 1이면 각운동량이 $1\hbar$라는 뜻이다.

한 핵력을 매개하는 W입자와 Z입자도 스핀값이 1이어서 보손이다. 쿼크 사이의 힘, 곧 강한 핵력을 매개하는 글루온도 스핀값이 1이고, 중력장의 중력자는 스핀값이 2다. 모두 보손이다.

페르미온 (0이 아닌 분노의 기미를 띠고) 잘 알려진 안정된 입자는 모두 페르미온이다. 예를 들어, 전자, 양성자, 중성자의 스핀값이 1/2이고, 따라서 페르미온이다. 양성자와 중성자를 이루는 쿼크도 스핀이 1/2이고, 따라서 페르미온이다.

보손 (끼어들며) 그까짓 게 무슨 대수야. 보손이 없으면 그들은 아무런 상호작용도 못하는걸. 보손이 없으면 핵을 결합하고 있을 힘도 없을 거라고. 원자를 형성할 힘도 없지. 보손이 없으면 전기력도 자기력도 없다고. 없어. 보손이 없으면, 직선으로 움직이는 단일 입자들만 바글거릴 거야. 별도 없고, 은하도 없고, 행성도 없고, 아무것도 없을 거라고.

리처드 그럼 확실히 우주가 따분하겠다. 보손의 역할이 정확히 뭔가?

보손 두 입자들 사이에 힘이 존재한다고 치자. 예를 들어 두 전자가 서로 반발을 한다 치자. 그 힘은 어떻게 생겨났을까?

리처드 우린 같은 전하가 서로 밀어냄을 알고 있다. 내가 알기론, 전자가 전기장을 만들어 내고, 전기장이 다른 전자에게 척력을 행사한다.

보손 (다소 차분해져) 여태 뭘 들은 거야? 그런 생각은 네 넥타이보다 더 낡았어. 실제로 일어나는 현상은 이렇다. 전자는 교환 입자,* 곧 광

자를 만들어 내고, 광자는 다른 전자에 흡수된다. 이런 광자 교환이 전자 사이의 기본적인 힘의 기원이다.

리처드 모든 입자가 광자를 교환하나?

페르미온 아니, 전기적 전하를 띤 입자만 그런다. 양성자와 중성자를 이루는 쿼크는 글루온을 교환…….

보손 (불쑥 나서며) 글루온은 보손이지.

페르미온 (계속해서) 보손이지. 글루온이 강한 핵력을 매개한다.

리처드 잠깐. 중성자와 양성자는 쿼크로 이루어져 있는데, 뜬금없이 글루온이란 입자를 교환한다고?

페르미온 (빠르게) 그렇다. 그것으로 그치는 건 아니지만.

리처드 알겠다. 그러니까 페르미온, 전자, 쿼크, 양성자 등이 보손을 교환하며 상호작용한단 말이지. 내가 보기에 보손과 페르미온의 차이는 단지 스핀 차이에서 그치지 않는 것 같다. 근본적으로 역할이 다르잖아.

보손 (불쑥) 우리가 없으면 세상이 아주 허접할 거라고.

페르미온 (무시하고 고고하게) 네 말이 맞다. 우리가 사는 이 우주를 창조하기 위해서는 두 종류의 입자가 필요하다. 너와 나 둘 다 필요한

교환 입자 자연계의 힘은 입자를 교환하며 발생한다. 전자기력은 광자를, 약력은 W입자와 Z입자를, 강력은 글루온을 교환하며 발생한다. 교환 입자exchange particle, 곧 힘 매개 입자는 뮤온과의 인터뷰에서 자세하게 설명한다. 중력의 근원이 되는 입자, 곧 중력자graviton는 아직 확인하지 못했다.

거다. 둘 다 있어야 풍요한 삶을 이룰 수 있지. 나는 보손 없는 세상에 살고 싶지 않다. 페르미온 없는 보손은 상상도 할 수 없고 말이다.

보손 (심통이 나 화제를 돌리며) 고고한 마나님께서 무슨 평등주의자 같은 말씀을 하는데, 세상은 원래 불공평한 거다! 얜 속물이야. 페르미온은 다 속물이라고.

리처드 속물?

보손 (흥분해) 얘한테 부정할 수 있냐고 물어봐라. 부정하지 않을걸? 아니 못할 거다. 보손이든 페르미온이든 입자는 특유의 양자역학적 상태에 있다고 기술된다.

리처드 양자역학적 상태?

보손 자연법칙에 따라, 우리는 다만 일정하게 허용된 에너지, 일정하게 허용된 운동량 등을 갖도록 되어 있다. 허용된 양을 명시하면, 그게 바로 우리의 양자역학적 상태다. 줄여서 그냥 상태라고도 한다.*

리처드 그런가.

보손 이제 내가 하나만 물어보자. 주어진 하나의 상태 안에 얼마나

양자와 양자 상태

양자量子, quantum는 에너지의 최소 단위를 가리키는 말로 '불연속적인 양discrete quantity(띄엄띄엄 떨어져 있는 알갱이)'이라는 뜻이다. 양자 상태state에서는 에너지값이 불연속적일 뿐만 아니라 하나의 입자가 두 장소에 동시에 존재할 수 있고, 경유하지 않고 도약(순간 이동)할 수 있고, 결정론적이지 않고, 확률적으로만 기술될 수 있다. 양자역학 이야기는 수소 원자와의 인터뷰에서 다시 나온다.

많은 입자가 입장할 수 있을까?

리처드 감이 안 잡힌다.

보손 내가 말해 주겠다. 그 입자가 보손이라면, 무제한 입장할 수 있다. 보손은 같은 상태를 공유할 수 있기 때문이다. 우리 보손은 누구도 배척하지 않는다. 하지만 그 입자가 속물 페르미온이라면, 답은 하나다. 딱 하나만 입장할 수 있다. 페르미온 하나가 하나의 상태를 점유하면, 다른 페르미온은 거기 입장할 수 없다. 아니냐고, 페르미온에게 물어봐라.

페르미온 물론 부정하지 않겠다. 그게 바로 파울리Pauli, Wolfgang의 배타원리다. (여전히 보손을 무시한 채) 우주가 풍요로운 구조로 이루어질 수 있는 것도 바로 그런 속성 덕분이다. 만일 페르미온인 전자들이 같은 상태를 점유한다면, 원자들을 구별할 수 없게 되고, 복합적 구조의 경이로운 우주를 구경도 못하게 된다. 그런 속성이 없으면 사실상 존재는 거의 텅 빈 공간과 마찬가지여서, 저 의자에 앉아도 엉덩이를 걸치지 못한다. 그런 점에서 지구 행성은 존재하지도 못했을 거다. 적어도 지금 같은 존재로는 말이다.

보손 에헴.

리처드 요는, 페르미온이 벽돌이라면 보손은 회반죽이다?

페르미온·보손 (한입으로) 좋은 비유다.

보손 회반죽이 없으면 벽돌을 올릴 수 없지. 내가 없으면 페르미온은 그냥 벽돌 쓰레기라고.

리처드 정말 흥미진진한 인터뷰였다. 이렇게 찾아와서 차이점을 잘 이해하게 해 준 둘 다에게 고마움을 전하고 싶다.

0.7
별과의
인터뷰

리처드 너는 여느 별이 아니라, 바로 우리 태양임을 독자에게 먼저 알리고 싶다. 인터뷰에 응해 주어 고맙다.
별 인터뷰를 하게 되어 기쁘다. 더 짙은 선글라스를 권하고 싶다.

리처드 그래, 그게 좋겠다. 고맙다. 너는 수십억 년 전 거대한 수소 가스 구름으로 만들어졌다고 알고 있다. 맞나?
별 맞다. 어렴풋한 탄생 초기를 돌이켜 보니, 주위가 대부분 검고 공간이 텅 비어 있던 기억이 난다. 수소와 약간의 헬륨, 소량의 더 무거운 원소들이 수천 광년의 우주 공간에 흩어져 있었다. 사막의 오아시스처럼.

리처드 그런 물질에 의해 생겨난 중력이 너를 끌어모으기 시작했다는 게 사실인가?
별 그렇다. 처음에 내 원자들은 누군가 아주 살그머니 옷깃을 잡아당기는 정도의 느낌을 받았다. 아니 당긴다기보다는 설산 꼭대기에서 스키를 타고 내려가는 느낌이랄까? 불확실한 중심부를 향해 느긋하게 활강하는 느낌이랄까? 내 원자들은 삶의 방향을 찾게 되어 행복했지만, 무슨 일이 일어나고 있는지는 전혀 알지 못했다.

리처드 그 후 어떻게 되었나?
별 그런 일이 수백만 년 동안 계속되었다. 하지만 결국 느긋함을 잃고 말았다. 전에는 좀처럼 일어난 적 없는 원자끼리의 충돌이 잦아졌다. 원자들이 중심부에 이르려고 서로 다툰 것 같다. 전에는 방대했던 구름이 움츠러들었는데, 예전에 비하면 정말 믿기지 않을 만큼 작아졌다. 중심부 근처는 너무나 뜨겁고 충돌이 너무나 자주 일어나서, 놀라운 일이 벌어졌다.

리처드 놀라운 일?

별 빛나기 시작한 거다.

리처드 너무 달궈져서 그런 건가?

별 그렇다. 불 속의 부지깽이처럼.

리처드 원자끼리의 충돌 때문에 뜨거웠던 건가?

별 뜨거운 건 원자들의 속도 때문이었다. 원자나 분자가 더 빨리 움직일수록 더 뜨거워진다. 열이란 속도의 평균 측정값이라고 생각해라. 원자와 분자가 중심부 가까이 이르렀을 무렵, 그것들은 이미 오랫동안 가속을 해 왔을 뿐만 아니라 물질이 뭉쳐 있기 때문에 중력장도 더 강해져서, 입자들은 실제로 아주 빠르게 움직이고 있었다.

리처드 그래서 여느 뜨거운 물체처럼 빛나기 시작했구나.

별 그건 경이로웠다. 빛이 어둠을 채우기 시작했고, 근처의 원자와 분자 모두가 흥분했다. 우린 방대한 구름이 붕괴되어 원반 모양으로 소용돌이치는 것을 보았다. 원반은 계속 축소되었고, 회전속도는 더욱 빨라졌다.

리처드 그거 각운동량 보존법칙* 아닌가?

별 맞다. 피겨스케이팅을 할 때 팔을 오므리면 회전속도가 빨라지는 것과 같다. 하지만 내 경우에는 오므릴 팔 같은 게 없어서, 조각들이 떨어져 나가 내 주위 궤도를 돌게 되었다.

리처드 행성들 말이지?

별 그렇다. 내 경우 각운동량 대부분은 목성이 차지했다. 사실 그건 아주 흔한 일이다. 우리 은하계 별들 가운데 적어도 반은 바로 그런 이유 때문에 쌍성계가 된다.

리처드 그러니까 별이 하나 존재하면, 주위에 또 하나의 별이 있거나 주위를 도는 행성들이 있게 마련이다? 행성은 한두 개가 아니라 여러 개가 생기고?

별 바로 그렇다.

리처드 그다음에 어떻게 되었나?

별 빛이 점점 더 강렬해졌지만, 중력은 인정사정 봐주지 않았다. 우린 계속 붕괴했고, 점점 농도가 높아지고 높아져서 둥그렇게 되었다.

각운동량 보존(법칙)

회전하는 물체에 외부의 힘이 작용하지 않으면 회전체의 각운동량은 일정하게 보존된다. 각운동량=질량×선속도×회전반경=일정. 공식에서 보다시피 회전반경이 줄어들면 대신 속도가 빨라진다.

그런 다음 여기서 번쩍, 저기서 번쩍, 번쩍거리기 시작했다. 우리는 기적을 목격하며 경외감에 사로잡혔다. 정말 깜짝 놀랐다.

리처드 무슨 일이 일어났는데?

별 우리 중심부가 너무 뜨거워서, 전자가 수소 원자에서 떨어져 나왔다. 양성자들만 뻘쭘하게 남겨 놓고 말이다. 전자는 충격을 받고 빛에 눈까지 멀어서 정처 없이 헤매며 양성자를 붙잡으려 했지만, 오히려 계속 떨어져 나갈 뿐이었다. 솔직히 우린 온갖 기적을 목격하며 어안이 벙벙했다. 너무나 뜨거운 플라스마* 상태의 무한한 에너지로부터 많은 입자들이 창조되고 파괴되었다. 바로 그때 아까 말한 일이 일어나기 시작했다. 처음에는 여기저기서, 나중에는 둥근 공의 핵 안 모든 곳에서.

리처드 그래서 무슨 일이 일어났다는 건가?

별 핵융합. 수소가 헬륨으로 바뀌었고, 헬륨 원자가 만들어지며 생긴 에너지가 우주 공간으로 방출되었다. 사실 중심부에서 너무나 많은 에너지가 밖으로 방출되면서 너무나 큰 압력이 생겼는데, 이걸 복사압이라 부른다. 별 내부에서는 끊임없이 전쟁이 벌어지고 있는데, 안쪽으로 붕괴하고자 하는 중력과 밖으로 자유롭게 튀어 나가려고 하는 복사압이 각축을 벌이는 거다. 이들 힘은 정말 막대하다.

플라스마 물질은 온도에 따라 고체, 액체, 기체로 변한다. 기체보다 온도가 더 높아지면(태양의 경우 섭씨 약 6,000도 이상이면) 원자에서 전자가 튀어나온다. 이렇게 이온화된 기체가 플라스마plasma로 '제4의 물질 상태'라고 한다. 우주 질량의 99%가 플라스마 상태라고 알려져 있다.

리처드 자유의 힘은 무지막지하게 크다. 너의 경우는 얼마나 크나?

별 중력에 버틸 만큼 크다. 바깥으로 밀어내는 복사압은 안으로 끌어당기는 중력과 궁극적으로 균형을 이루었고, 평화조약이 체결되었다. 우린 거의 100억 년 동안 평화로운 평형상태를 유지해 왔다.

리처드 너의 탄생 장면이 정말 볼만했겠다. 검은 구름에서 찬란하게 빛나는 별로 탈바꿈한 것이긴 하지만 말이다.

별 자연계의 탈바꿈은 사막의 모래처럼 흔하고 당연하다.

리처드 그 모든 것이 끝난 후니, 이제는 좀 따분하겠다 싶다.

별 항상 좋을 수만은 없는 법이다.

리처드 너의 중요 통계치를 좀 살펴봐도 될까?

별 되고말고.

리처드 너의 질량은 2×10^{30}킬로그램이다. 그게 어느 정도 질량인지 설명해 줄 수 있나?

별 지구 질량의 30만 배, 목성 질량의 1천 배쯤 된다. 내 지름은 130만 킬로미터 남짓으로, 지구의 100배가 훨씬 넘는다.

리처드 내 공책에 너의 광도가 4×10^{26}와트라고 쓰여 있는데 설명 좀 해 달라.

별 별의 밝기는 1초에 방출하는 에너지양을 나타낸다. 100와트 전구는 100와트만큼의 밝기를 지녔다. 그 전구에 비하면 내가 1조의 1조 배 이상 밝다. 나중에 중성미자가 잘 설명해 줄 거다.

리처드 알겠다. 너는 축을 따라 회전하나?

별 그렇다. 한 바퀴 도는 데 한 달 정도 걸리는데, 적도는 좀 더 빨리 돈다.

리처드 네가 너무 뜨겁다는데, 얼마나 뜨겁나?

별 중심부는 1,500만 도, 표면은 6,000도쯤 된다.

리처드 네가 방출하는 모든 에너지는 물질이 변환된 것인가?

별 그렇다.

리처드 그렇다면 너는 끊임없이 물질을 잃고 있으니 날이 갈수록 점점 작아지겠네?

별 그렇다. 하지만 걱정할 거 없다. 그래 봐야 1초에 500만 톤, 1년에 고작 150조 톤을 잃는 것에 불과하다.

리처드 고작!

별 그래 봐야 1만 년이 지나면 내 질량의 10억 분의 1 이하가 줄어드는 수준이다. 그런 걸 코끼리 비스킷이라던가? 그까짓 건 없어도 그만인데, 그 대가로 내가 얻는 게 엄청 많다. 덕분에 나는 내 궤도를 경건하게 도는 모든 행성과 경이로운 혜성과 소행성 들을 관찰할 수 있

다. 게다가 지상의 흥미로운 익살도 볼 수 있다. 아, 이 인터뷰와는 무관한 이야기다.

리처드 너의 에너지는 삶의 낙일 수 있겠다. 그런데 너는 또 뭐든 끌어당기는 자기 특성magnetic personality을 지녔다고 알고 있다.

별 그렇다. 행성과 마찬가지로 회전하는 것은 대개 자기장이 있다.

리처드 왜 그런가?

별 모든 물체에서 어떻게 자기장이 생기는지는 완전히 규명되지 않았지만, 내 경우엔 지구와 마찬가지로 발전기 효과dynamo effect로 자기장이 생성된다. 회전이 근본적으로 엄청난 전류를 발생시키고, 이 전류는 커다란 고리를 이루며 흘러서 자기장을 만든다.

리처드 그게 단가?

별 아, 여기엔 약간의 반전이 있다. 앞서 암시했듯이, 내 회전속도는 부위별로 다르다. 그러니까 적도 부위 물질이 극 부위보다 회전속도가 조금 더 빠르다는 뜻이다.

리처드 그래, 기억난다.

별 그렇게 흐름이 고르지 않기 때문에 자기장의 선이 휘고, 더러는 스텝이 엉키기도 한다.

리처드 막춤처럼?

별 어느 면에선 그렇다. 자기장선이 내 표면을 쫄래쫄래 가로지르다가 어느 지점에선 더러 갇히기도 한다. 커다란 손잡이를 상상해 보라. 머그잔 손잡이 같은 게 내 표면에 달라붙어 있다고 말이다.

리처드 옷 가방 손잡이 같은 거?

별 그렇다. 하지만 손잡이가 지구보다 더 크다. 이 손잡이가 바로 강력한 자기장선이다. 그건 한 지점에서 나와서 다른 지점으로 파고들어간다. 강력한 자기장은 내부에서 솟아 나온 에너지의 방향을 더러 틀어 놓는다. 그래서 주위 물질보다 1천 도는 차가운 태양흑점이란 걸 만들어 놓는다.

리처드 주위보다 차가워서 더 어둡게 보이는 건가?

별 그렇다. 더 뜨거울수록 더 밝고, 방출하는 에너지도 더 많다.

리처드 태양흑점이 검게 보이지만 검은 게 아니구나?

별 그렇다. 흑점 이외의 부분을 가리고 보면 흑점이 아주 밝게 보일 거다.

리처드 전에 한 말 가운데 이해가 안 되는 게 있다.

별 뭔가.

리처드 네가 믿기지 않을 만큼 빠르게 수소에서 헬륨으로 바뀌고 있는 중이고, 그게 네 에너지의 원천이라고 했다.

별 그게 믿기지 않을 건 또 뭔가.

리처드 아, 내 말은, 인간이 보기에 그렇단 뜻이다.

별 알았다.

리처드 그럼 네가 전부 헬륨으로 바뀌면 어떻게 되나?

별 내부에서 끊임없이 전쟁이 벌어지고 있단 말 기억하나? 안으로 끌어당기는 중력과 밖으로 밀어내는 복사압의 각축 말이다.

리처드 기억한다.

별 내부의 수소 땔감이 다 타 버리면 중력은 승리를 감지하고 서서히 죽음의 행진을 벌인다. 내가 붕괴하기 시작하는 거다.

리처드 그것 참 딱하다.

별 천만에, 내게 좋은 거다. 탐욕스러운 중력은 자신의 행위로 오히려 큰코다치게 된다.

리처드 그게 무슨 뜻인가?

별 두 손바닥을 세게 맞대고 앞뒤로 비벼 보라.

리처드 왜?

별 그냥 해 봐라. 댓 번만 하면 된다. 됐다. 어떤가?

리처드 손바닥이 따뜻하다. 아니 뜨겁다.

별 마찰은 열을 발생시킨다. 내 경우도 그와 같다. 탐욕스러운 중력이 모든 헬륨 원자를 한데 밀어붙이면 원자가 뜨거워진다.

리처드 그게 뭐가 나쁜가?

별 좀 더 들어 보라. 시간이 지나면 내 중심부는 단단해지고, 수소로 둘러싸인 헬륨은 핵융합을 계속한다. 헬륨이 붕괴되기 시작하는 것은, 앞서 설명했듯이 중력이 도사리고 있기 때문이다. 하지만 그 때문에 온도가 올라가고, 표면의 수소가 전보다 더 빠르게 타기 시작한다.

리처드 탄다는 것은 핵융합을 한다는 뜻인가?

별 그렇다. 이때 너무 뜨거워져서 복사압이 중력을 압도하게 된다.

리처드 그럼 어떻게 되나?

별 수소가 정상적인 표면보다 훨씬 더 크게 팽창한다. 그리고 팽창하면서 식는다.

리처드 에어컨에서 응축했던 냉매가 팽창하면서 주위의 열을 흡수해 공기가 차가워지는 것처럼?

별 바로 그렇다. 너무 뜨거워 하얗게 타다가 약 3,000도로 식으면서 빨갛게 변한다. 그 순간 나는 아주 커다랗고 외부는 다소 차갑다. 인간들은 이걸 적색거성red giant이라고 부른다.

리처드 적색거성을 보고 싶다.

별 오리온자리에 있는 내 옛 친구 베텔게우스가 바로 적색거성이다. 그것이 실제로 빨갛다는 걸 확인해 보기 바란다.

리처드 그러겠다. 너도 그렇게 커질까?

별 커지는데, 더 커질 거다.

리처드 그게 무슨 뜻인가?

별 손바닥을 비벼서 열이 발생한 걸 기억하지? 내 핵에서도 그런 일이 계속 일어난다. 너무 뜨거운 헬륨이 핵융합을 해서 탄소가 될 때까지 말이다. 그 때문에 수소가 있는 외피로 또 다른 복사열이 전달되면 적색 초거성red supergiant이 된다. 그 단계에서는, 안됐지만 지구도 내 표면 안쪽에 있게 될 거다.

리처드 곧 그렇게 되진 않겠지?

별 지금부터 약 50억 년 후의 일이다.

리처드 안심이 된다. 그럼 그런 과정이 계속되나? 헬륨이 탄소가 되고, 탄소는 또…….

별 아니다.

리처드 아니라고?

별 난 아니다. 나는 단단한 탄소 상태로 끝난다. 처음에는 너무 뜨겁지만 복사열을 계속 방출하면서 식는다. 외부의 수소와 헬륨 층은 계속 팽창해서 사실상 중력에서 벗어나게 된다. 그래도 한동안은 별의 모습으로 보이는데, 그게 실은 아름다운 구름으로 둘러싸인 탄소 찌꺼기다. 인간은 이걸 행성상성운planetary nebula이라고 부르는데, 그 따위 이름은 내게 아무런 의미가 없다. 결국 그 물질은 성간 우주로 흩어지고, 훗날 새로운 별의 탄생을 돕는다. 몇 번이고 다시 말이다.

리처드 그럼 결국 너는 많은 질량을 잃게 되겠구나.

별 결국은 그렇다. 하지만 그건 너희 인간이 자녀를 낳아 세상에 내보내는 것과 같다. 자녀들이 별이 되어 찬란히 빛나길 바라면서 말이다.

리처드 그러면 너는 백색왜성이 되지?

별 그렇다. 아주 작더라도 처음에는 꽤 밝게 빛난다. 그래서 백색왜성white dwarf이라고 부른다. 백색왜성의 에너지는 열로만 저장되어 있고 더 이상 에너지를 생산할 수 없기 때문에, 나는 빠르게 식게 된다. 몇 백만 년만 지나면 거의 빛이 나지 않는다.

리처드 그 후 백색왜성으로 계속 남아 있나?

별 크기는 같지만 점점 더 차가워지고, 따라서 점점 더 어두워진다. 결국 보일 만큼의 빛을 방출하지 못해, 흑색 왜성black dwarf으로 불리게 된다.

리처드 휘황찬란했던 삶치고는 끝이 너무 어두운 것 같다. 그렇게 그냥 사라지나?

별 노병처럼.

리처드 이제야 탄소 원자가 한 말이 이해된다.

별 무슨 말이었나?

리처드 대충 이렇게 말했다. "우리 별이 식으면 내 탄생의 전율은 잦아들고, 나는 나를 카본 카피한 것만으로 이루어진 거대한 불활성 탄소 핵 안에 영원히 갇혀 있을 수도 있다는 사실을 깨닫게 되었다".

별 그래, 그녀는 백색왜성 단계에서 흑색 왜성이 될 운명에 직면했던 거다. 하지만 짝별 덕분에 구조되어 초신성 폭발을 하게 되었다.

리처드 그걸 좀 설명해 달라.

별 중성자별과 인터뷰할 계획인 걸로 안다. 그녀에게 물어봐라.

리처드 그러겠다. 마지막으로 하나만 물어도 될까?

별 된다.

리처드 네가 가장 좋아하는 행성이 뭔가?

별 아, 물론 나랑 가장 가까운 것은 수성이다. 하지만 가장 가깝다고 가장 좋아하는 건 아니다. 너무 작아서 대기가 없기 때문에, 수성은 내 맹렬한 빛을 고스란히 느끼고, 열기도 고스란히 느낀다. 금성도 무척 좋아한다. 금성은 지구 크기지만 인간의 기준에서 볼 때는 너무 뜨겁다. 금성은 이산화탄소 대기라는 두꺼운 단열재로 자신을 꽁꽁 싸매고 있다. 어디 보자, 다음으로는…….

리처드　지구.

별　아, 그래, 지구는 아주 특별하지만, 동시에 실망스럽기도 하다.

리처드　어째서?

별　나만이 아니라 거의 모든 우주가 혼신을 다해 만든 많은 것을 인간이 망치고 있는 듯해서다.

리처드　인간이 그럴 능력이나 되나?

별　맹렬히 그러고 있다.

리처드　구체적으로 말해 달라.

별　가장 아름다운 장관 가운데 하나인 혜성들이 수도 없이, 수십억 년에 걸쳐 자신을 희생해 가며 너희 지구에 몸을 던져 강과 바다를 만들어 주었다. 그들은 너희에게 생명과 아름다움을 안겨 주었다. 그런데 너희는 그 강과 바다를 하늘의 별보다 더 많은 오염 물질로 더럽히고 있는 것 같다. 마치 그게 임무라도 된다는 듯이.

리처드　깨끗이 관리하려고 애쓰고 있다.

별　내가 석유를 만드는 데는 수백만 년이나 걸렸다. 셀 수 없이 많은 나무를 무럭무럭 키워 지하에 파묻고 분해해서 너희 인간에게 석유를 주기까지 말이다. 그런데 인간들은 그걸 흥청망청 써 대고 있다. 마치 양도할 수 없는 제 권리라도 된다는 듯이.

리처드 그것 역시 안 그러려고 애쓰고 있다. 하지만 앞서 말한 것들은 모두 우리 태양계에서 만들어진 것 아닌가? 너는 아까 전체 우주를 언급했는데.

별 지구 전체 그리고 혜성들 역시, 모두 아득한 과거에 폭발한 별에서 왔다. 우라늄 원자의 말이 생각난다. 나는 그런 관점에서 생각해 본 적이 한 번도 없었다. 별 하나를 만드는 데는 이루 헤아릴 수 없이 많은 물질이 소요되고, 별이 탄생하고 죽기까지 이루 헤아릴 수 없는 시간이 소요된다. 그 후 별이 단말마의 고통 속에 던져지면서 아주 소량의 우라늄과 플루토늄이 만들어진다. 그리고 마지막 숨을 거두며 그걸 우주 공간에 내뱉는다. 중력의 고삐를 끊고.

리처드 그래서 우리가 그런 물질을 이용할 수 있다.

별 게 눈 감추듯 없애지. 우라늄을 모아 임계질량까지 확보해서, 뇌성벽력같이 일순간에 터뜨려 버린다. 동족을 대량 학살하고 오염 물질을 자욱하게 남긴 채. 사실상 눈 깜짝할 시간에 너희 인간은 수십억 년의 행운 전체를 말아먹고, 더불어 무수한 인명을 살상할 수 있다. 참으로 딱한 노릇이다.

리처드 그래서 지구는 네가 좋아하는 행성에 끼지 못하나?

별 그렇다고 말한 적 없다. 인간은 경이롭게도 나와 내 구성 성분을 썩 잘 이해했다. 위대한 사상가와 철학자를 배출했고, 인간의 예술은 우주적으로 추종을 불허한다. 참으로 웅장한 그런 성취를, 그것도 단시간에 해냈는데, 다른 한편으론 어둠이 짙게 깔려 있으니 실망스럽기 짝이 없다.

리처드 이해한다. 좋아하는 다른 행성은 없나?

별 화성을 좋아한다. 화성은 황금보다 귀한 대기와 작은 두 개의 달을 거느린 의연한 군신 같다. 멋진 위성들을 거느린 목성도 각별하다. 고리가 있는 토성은 내 기쁨의 원천이다. 은인자중하는 천왕성과 해왕성도 각별하지만, 명왕성도 찬미하지 않을 수 없다. 멀리 외따로 떨어져, 뚜벅뚜벅 제 길을 가며 얼음보다 더 차가운 표정이라니.

리처드 하지만 가장 좋아하는 행성은 따로 없다?

별 아니, 있다.

리처드 어느 행성인가?

별 내가 가장 좋아하는 행성은……, 이크, 시간 좀 봐. 벌써 저물녘이다. 미안하다, 갈 길이 바쁘다.

리처드 인터뷰에 응해 주어 고…….

0.8 윔프와의 인터뷰

리처드 인터뷰를 허락해 주어 고맙다. 너의 존재를 믿지 못하고 가상 입자* 운운하는 사람이 많다.

윔프 그런 이유 때문에라도 인터뷰를 하고 싶었다. 나에 대한 이런 저런 무지를 불식하기 위해서라도. 근데 나를 윔프WIMP라고 부르지 말았으면 좋겠다. 나는 뉴트랄리노neutralino, 초중성입자다.

리처드 멸시하려는 뜻은 전혀 없었다. 윔프가 무엇인지, 뉴트랄리노는 또 무엇인지부터 설명해 주면 좋겠다.

윔프 윔프는 'Weakly Interacting Massive Particle약한상호작용을 하는 무거운 입자'의 두문자다.

리처드 아아……, 좀 더 설명해 달라.

윔프 좋다. 너도 알다시피, 자연계 기본 힘에는 네 가지가 있다. 중력과 전자기력은 너도 잘 알 것이다. 그리고 두 가지 핵력이 있는데, 강한 핵력과 약한 핵력이 그것이다.

리처드 그래, 페르미온과 보손과도 핵력에 대한 흥미로운 이야기를 나눈 적 있다.

가상 입자 현대 이론에서는 입자 사이에 힘의 양자(불연속적 에너지 덩어리)가 교환됨으로써 자연계 네 가지 힘이 발생한다고 기술한다. 순간적으로 존재하고 실험으로는 검출할 수 없는 이 실체를 가상 입자virtual particle라고 한다. 가상 입자는 상상의 입자란 뜻이 아니라 준입자라는 뜻이다.

윔프 통합 이론*이란 게 있다는 것을 우선 말하고 싶다. 이 이론에 따르면 중력 이외의 나머지 힘은 사실상 같은 것에 대한 다른 기술이다. 예를 들어 약한 핵력과 전자기력은 동일한 기본 힘의 다른 측면이라고 볼 수 있다.

리처드 전자기 약작용electro-weak, 약-전기 이론이 그건가?

윔프 그렇다. 그 이론은 W입자와 Z입자의 존재를 예견했는데, 너의 전자 친구와 인터뷰할 때 나온 적 있을 거다.

리처드 중력이 무엇인지는 나도 좀 알고 있다. 전기와 자기에 대해서도 친숙한 편이다. 그런데 다른 두 가지 힘, 약한 핵력과 강한 핵력은 아니다. 설명을 부탁한다.

윔프 앞서 탄소 원자가 핵융합을 언급했고, 우라늄 원자도 핵을 결합하고 있는 힘에 대해 조금은 이야기했다. 그게 바로 강한 핵력이다. 강력이라고도 한다. 양성자의 전기적 척력보다 강하다. 실은 자연계에서 가장 강한 힘이다.

리처드 잠깐. 블랙홀과 인터뷰할 때 듣기론 중력이 가장 강한 힘이라던데.

윔프 녀석들은 항상 그렇게 말한다. 기술적으로 따지면 그 말이 옳

통합 이론 unified theory. 통일장unified field 이론이라고도 한다. 자연계의 네 가지 힘을 하나로 통합해 설명하려는 것으로, 아인슈타인이 생애 후반기 30년 동안 연구했으나 실패했고, 뒤이어 끈 이론이 이를 시도하고 있다.

다. 물질은 대량으로 모여 있기 때문이다. 중력은 광범위한 영역에 걸친 힘이다. 우라늄 원자가 설명했듯이, 핵력은 아주 빨리 소멸하니까 대규모의 중력과 경쟁할 수 없다. 그러나 '입자' 기준에서 보면 중력은 너무 약해서, 우린 그걸 아예 무시해 버린다!

리처드 알겠다. 잘 정리해 주어 고맙다. 그러니까 양성자와 중성자를 핵 안에 잡아 두는 힘이 강한 핵력이란 말이지. 약한 핵력은 뭔가?

윔프 약한 핵력, 줄여서 약력이라고 하는 힘은 중력을 제외한 다른 힘들보다 훨씬 약하다. 그런데도 약력은 아주 중요한 힘이다. 강력은 핵자核子, nucleon들 사이에서 작용하는데…….

리처드 핵자?

윔프 핵자는 양성자나 중성자를 언급하기 위해 쓰는 용어다. 하던 말을 계속하면, 강력은 핵자들 사이에서 작용하는데, 약력은 전자와 핵자 사이에서 작용한다.

리처드 그러니까 전자는 강한 핵력의 영향을 받지 않지만, 약한 핵력에는 영향을 받는다?

윔프 바로 그렇다. 약력에 영향을 받지만 강력에는 영향을 받지 않는 입자는 모두 약한상호작용을 한다고 말한다. 그런 걸 렙톤, 곧 경입자*라고 부르기도 한다.

리처드 너는 약력의 영향을 받으니까 이름도 '약한상호작용을 하는 무거운 입자(약작용 질량 입자)'인 거구나. 근데 무겁다는 게 이해가 안 된다.

윔프 이번 인터뷰 말고, 나는 인간 앞에 나선 적이 한 번도 없다. 나는 순전히 이론적으로 예측된 존재다. 그러니 인간이 내 질량을 측정할 기회가 있었겠나. 예측되기론, 양성자보다 1천~1만 배쯤 무겁다.

리처드 오, 그렇다면 무거운 거 맞네. 윔, 아니 약작용 질량 입자가 뭔지 좀 알겠다. 하지만 뉴트랄리노는 또 뭔지 아리송하다. 설명 좀 해줄 수 있겠나.

윔프 물론이다. 이건 굉장한 이야기인데, 우선 길을 좀 우회해야 한다. 그래도 듣고 싶나?

리처드 당연하다.

윔프 좋다. 그럼 보손과 페르미온 사이의 논쟁을 되새겨야 한다. 티격태격했지만, 사실 그들은 서로를 원한다.

리처드 내 원래 노트에도 그렇게 적혀 있다.

경입자와 강입자

자연계의 모든 물질은 원자로 이루어져 있고, 모든 원자는 경입자와 강입자로 이루어져 있다. 경입자輕粒子, lepton는 원자핵 밖에 있는 소립자로, 전자, 뮤온, 타우입자 및 이들과 관련된 세 개의 중성미자가 이에 속한다. 모두 스핀이 1/2인 페르미온이다. 약입자라고 하는 것이 적절할 수도 있다. 이에 대해 원자핵 안에 있는 소립자는 하드론hardron, 곧 강입자强粒子라고 한다. 강입자는 쿼크로 이루어져 있는데, 세 개의 쿼크로 이루어진 바리온baryon, 곧 중입자重粒子와 쿼크와 반쿼크로 이루어진 메손meson, 곧 중간자中間子로 나뉜다. 양성자와 중성자, 곧 핵자가 바리온이고, 이들을 결합하는 강한 핵력을 매개하는 것이 메손이다.

웜프 그들이 말해 준 건 일반적인 관점이다. 보손은 보손이고 페르미온은 페르미온이다, 마침표. 하지만 자연을 보는 다른 방식이 있다. 아직 이론 단계지만. X는 곧 Y이고, Y는 곧 X라는 것이 그것이다. 너의 두 친구가 그랬다면 바로 죽었을 것이다. 보손은 페르미온이 될 수 없고, 페르미온은 보손이 될 수 없다는 기본 개념을 공유하고 있기 때문이다.

리처드 그래, 이해했다.

웜프 이런 개념은 실험 분야에서는 일견 타당해 보이지만, 이론 분야에서는 의문이 제기되어 왔다. 이 입자들이 서로 변환될 수 있다면 모종의 고약한 수학적 문제를 피할 수 있다. 또한 그것이 미학적으로도 흐뭇한 일이라고 생각하는 사람이 많다.

리처드 그러니까 전자가 광자로 바뀔 수 있다?

웜프 아니, 꼭 그런 게 아니라, 전자의 음전하를 잃어도 아무런 이상이 없는, 그런 거 말이다. 다시 말하면 이렇다. 기본 입자들과 그들의 상호작용을 대칭symmetry으로 바라보는 것이다.

리처드 내가 종이에 물감을 듬뿍 발라서 반으로 접은 것처럼?

웜프 아니, 전혀 아니다. 중성자와 양성자의 경우 실제로 그런 생각을 하기도 했다. 강한 핵력의 관점에서만 보면 중성자와 양성자는 동일한 존재다. 따라서 우리는 그들을 동일 입자의 다른 두 상태로 고려하기 시작했다. 지킬 박사와 하이드 씨가 동일인이지만 정체성은 다

른 것처럼 말이다. 그걸 바로 대칭이라고 하는데, 더러 입자 대칭이라고도 부른다. 그런 생각을 하다 보니, 아까 말한 접은 종이 비유도 그럴듯하다.

리처드 엉? 아까는 전혀 다르다고 하지 않았나.

윔프 그러니까 종이를 잡고 180도 돌려 보라. 그래 봐야 똑같아 보이지 않나. 네가 깜빡 조는 순간 누군가 방에 몰래 들어와 종이를 돌려놓았는지, 아니면 원래 그 상태였는지 말할 수 없지 않은가.

리처드 그건 그렇다.

윔프 입자물리학에서도 그렇게 생각한다. 예를 들어 핵 속의 중성자와 양성자를 서로 맞바꾸면서 전하만 바꾸지 않으면 핵은 동일하다. 그게 바로 대칭이다.

리처드 알겠다. 그럼 다른 대칭도 있나?

윔프 백만 달러짜리 질문이다. 답은 물론 예스다. 하지만 그게 정확히 무엇인지 알기 위해서는 머리를 좀 굴려야 한다. 예를 들어 전자기 약작용 이론을 언급한 적이 있는데, 그 이론에서 중성미자, 곧 뉴트리노neutrino와 전자는 전혀 다른 것처럼 보이지만, 같은 입자의 다른 상태로 간주할 수 있다.

리처드 중성미자와도 인터뷰할 계획이었는데, 그녀를 한자리에 앉혀 둘 수가 없었다. 다음 주에나 다시 시도해 볼 생각이다.

윔프 그래, 그때 전자와 뉴트리노가 다르지만 같다는 이야기를 자세히 듣기 바란다. 과학자들이 아주 성공적인 표준 모형*을 개발했는데, 표준 모형 관점에서는 쿼크와 전자, 중성미자를 바로 그런 식으로 바라본다.

리처드 그러니까 모든 페르미온은 동일 입자의 다른 상태로 간주된다?

윔프 일면 맞는 말이지만, 입자라는 게 똑 부러지게 엄격한 정체성을 갖는 존재라고 생각지 마라.

리처드 어안이 좀 벙벙하다.

윔프 꿈에 과일을 하나 보고 있다고 치자. 그게 한순간 사과인데, 다음 순간 오렌지고, 또 다음 순간엔 바나나다. 매번 바라볼 때마다 과일 가운데 하나인 건 맞는데, 바라보기 전까지는 무슨 과일인지 알 수가 없다는 거다.

리처드 꿈이라니 이해가 팍 된다.

윔프 그 과일이 뭔지 기술하고자 할 경우, 그건 '사과-오렌지-바나나' 조각이라고 말해야 할 거다. 줄여서 '사오바'라고 하던가.

표준 모형 standard model. 양자역학이 대두하면서 세계가 무엇으로 이루어져 있고, 어떻게 결합되어 있는가를 새로운 패러다임으로 설명하기 위해 도입한 것으로, 중력을 제외하고 전자기력, 약력, 강력을 통합한 이론이다. 표준 모형에서도 대칭성을 도입한다.

리처드 알겠다.

웜프 그럼 이제 이렇게 약속하기로 하자. 사오바를 볼 때 나는 사과 또는 오렌지 또는 바나나를 본다고. 이게 바로 꿈에서 이루어진 일을 기술하는 수학적 방법이 된다. 이러면 특별한 과일을 발견할 가능성을 부여할 수도 있다.

리처드 그렇긴 하지만, 그래 봐야 꿈 아닌가.

웜프 기막힌 건, 그게 단지 꿈이 아니라는 거다. 그게 바로 아원자* 규모에서 벌이지는 일이다. 우리가 논의하고 있는 대칭성 관점에서 보면 자연이 사과, 오렌지, 바나나 또는 실제로 쿼크, 전자, 뉴트리노 등등을 바로 그런 식으로 뒤섞고 있다는 사실이다.

리처드 흥미로운 이야기다.

웜프 음, 이것으로 우회로가 끝났다. 이제야 뉴트랄리노가 뭔지 말할 수 있다.

리처드 부탁한다.

웜프 네가 우리 세계관을 잘 이해했기를 바란다. 그러니까 세계를 이루고 있는 기본 입자들은 대칭성 원리를 토대로 한다는 것 말이다. 대칭성 원리는 입자의 차이를 근본적으로 날려 버린다.

아원자 subatom. 원자보다 작은 입자 또는 원자를 구성하는 기본 입자를 가리키는 말. 중성자와 양성자를 더 쪼갠 것, 곧 쿼크, 렙톤, 중성미자, 뮤온, 글루온 따위가 아원자다.

리처드 그래, 잘 알겠다. 하지만 네가 말한 대칭성은 페르미온만 한데 버무리고 있지 않나. 전자, 쿼크, 뉴트리노가 모두 페르미온이다.
윔프 맞는 말이다. 그걸 알았으니, 페르미온에만 국한할 이유가 있겠나. 페르미온을 보손으로 바꿔 칠 수 있는 좀 더 일반적인 대칭성을 생각해 볼 만도 하다.

리처드 그렇지.
윔프 하지만 문제는 그런 현상이 관찰된 적 없다는 거다. 그 어떤 실험에서도 그런 일이 일어나는 것을 아무도 본 적이 없다.

리처드 아, 그럼, 그런데도 일반적인 대칭성을 고려하는 이유가 뭔가?
윔프 전에 말했듯이, 그것만 가능하면 모종의 고약한 수학적·반물리학적 문제가 사라지기 때문이다. 그런 대칭을 초대칭이라 한다. 초대칭에 따르면 우리가 아는 모든 입자에는 초대칭 짝super partner의 존재가 예측된다. 페르미온을 보손으로, 보손을 페르미온으로 바꾸는 변환 수술이 바로 초대칭이라고 생각하면 된다.

리처드 그럼 페르미온인 전자는 보손이라는 초대칭 짝이 있겠네?
윔프 그렇다. 그걸 초전자selectron라 한다. 영어로는 페르미온의 이름 앞에 's' 자만 붙여서 이름 짓는다. 뉴트리노와 쿼크의 초대칭 짝은 스뉴트리노sneutrino, 초중성미자와 스쿼크squark, 초쿼크가 된다.

리처드 그럼 보손도 초대칭 짝이 있나?

윔프 그렇다. 역시 '초'만 앞에 붙이면 된다. 영어로 보손 이름 끝에 붙은 '-on'이 입자란 뜻인데, 그걸 떼고 '-ino'를 붙이면 초대칭 짝 이름이 된다. 광자photon의 초대칭 짝은 초광자, 곧 포티노photino, 글루온gluon의 초대칭 짝은 초글루온, 곧 글루이노gluino가 된다.

리처드 그럼 너는?
윔프 이윽고 내 차례다! 한데 버무려질 수 있는 보손의 초대칭 짝은 여럿이 있다. 앞서 포티노를 언급했고, Z입자도 보손이란 거 기억하나? 그것의 초대칭 짝은 지노Zino, 초Z라고 한다. 또 힉시노Higgsino, 초힉스도 있다. 이 세 가지를 합쳐서 뉴트랄리노라고 한다.

리처드 넌 보손의 초대칭 짝이니, 그럼 페르미온이구나?
윔프 그렇다.

리처드 초전자나 다른 초대칭 짝 가운데 실제로 관찰된 것은 아무것도 없는 건가?
윔프 그렇다.

리처드 그렇다면 초대칭 짝이 실제로 존재하는지, 그저 이론물리학의 가설에 지나지 않는지 묻지 않을 수 없다.
윔프 우리 가운데 다수가 너의 인터뷰에 응하긴 했지만, 우린 너무 사적으로 여겨지는 질문에는 답하지 않기로 결정했다. 게다가 우린 하나의 천체로서 섣불리 누설할 수 없는 비밀이 있다고 믿는다. 다시 말해서, 너는 얼마든지 깊이 탐문할 수 있지만, 우리에게도 넘어설 수 없는 것에 대한 규칙이 있다.

리처드 좋다. 하지만 이건 꼭 알고 싶다. 네가 언급한 초대칭 짝 중에서도 네가 가장 많이 연구되고 있다. 그 이유를 설명해 줄 수 있나?

윔프 물론이다. 그건 내가 가장 가벼운 최소한의 질량을 지녔기 때문이다. 나보다 더 무거운 초대칭 짝들은 더 가벼운 입자로 금세 붕괴하고 만다. 모든 것이 나한테 귀결된다. 나보다 질량이 작은 초대칭 짝은 없기 때문에 나는 붕괴할 수가 없다.

리처드 운이 좋구나.

윔프 아무렴.

리처드 괜찮다면 하나만 더 묻겠다.

윔프 물론 괜찮다.

리처드 아까 표준 모형이란 말을 했는데, 그것에 대해 자세히 좀 말해 달라.

윔프 그건 인간이 얻은 가장 근본적이고 올바른 이론이다. 그 이론은 모든 기본 입자가 어떻게 상호작용하는지 기술하고, 나중에 발견될 입자의 존재를 예견하기까지 했다. 최근까지의 어떤 실험도 이 이론을 무너뜨리지 못하고 벽돌과 회반죽만 보탰을 뿐이다.

리처드 그게 무슨 뜻인가?

웜프 사실상 인간이 수행한 그 어떤 실험 데이터도 그 이론으로 완벽하게 설명할 수 있었고, 그 이론은 인간이 상상한 그 어떤 시험도 다 통과했다.

리처드 그래서 그 이론이 옳다?

웜프 최근까지는 옳았다.

리처드 이젠 옳지 않다는 소린가?

웜프 난 자세한 이야기를 듣지 못했지만, 그건 뮤온의 비정상 자기 쌍극자모멘트와 관련되어 있다.

리처드 좀 더 설명해 달라.

웜프 그건 뮤온에게 직접 물어보는 게 낫겠다. 아까 말했듯이 나도 자세히는 모른다.

리처드 그래, 곧 뮤온과 인터뷰할 테니 직접 물어보겠다. 즐거운 인터뷰 감사드린다. 행운을 빈다.

웜프 나도 고맙다. 역시 행운을 빈다.

0.9
혜성과의
인터뷰

리처드 이렇게 찾아 주어 고맙다. 자기소개를 부탁한다.

혜성 나는 비교적 큰 혜성으로, 지름이 30킬로미터가 넘는다. 얼음과 이산화탄소, 간단한 탄소화합물 그리고 몇 가지 지구와 같은 요소들로 이루어졌다.

리처드 전에 지구에 와 본 적 있나?

혜성 그렇다. 전에 마지막으로 들렀을 때, 인간은 피라미드를 짓고 있었고 초보적인 야금술을 익히고 있었다. 내가 지구에서 멀어지기 시작했을 때, 피타고라스는 악기 소리의 진동수가 파장과 반비례한다는 사실을 발견했다. 피타고라스는 자신의 발견과 수학적 단순성에 매료되어, 태양에서 행성들까지의 거리 역시 음정 사이의 거리처럼 정수비를 이루어야 한다고 추측했다. 그가 틀렸음을 나는 알고 있었지만, 우주를 이해하기 위한 이론적 시도가 막 시작된 것이 여간 흐뭇하지 않았다.

리처드 너는 인간의 과학에 관심이 있나 보다. 전에 들렀을 때 인상 깊었던 게 또 있나?

혜성 내가 계속 지구에서 멀어지고 있을 때, 데모크리토스가 원자의 존재를 주장했다. 이후 2세기 동안 아르키메데스가 부력과 역학에 대한 놀라운 실험 결과를 제시했다. 약 1세기 후, 그러니까 서력기원전 1세기에, 프톨레마이오스가 서로 다른 매질에서의 빛의 반사와 굴절에 대해 연구해서, 유리의 굴절률이 물의 굴절률보다 더 크다는 사실 등을 알아냈다.

리처드 굴절률은 물질에 빛이 꺾이는 정도를 말하나?

혜성 그렇다. 굴절률은 빛을 관찰하는 한 가지 방법이다. 프톨레마이오스는 또, 우주가 지구 둘레를 돈다고 생각했다. 그건 옳지 않지만 그의 우주론 저술은 1천 년 이상 쓸모가 많았다. 내게 자유의지가 있었다면 얼른 또 지구로 돌아왔을 텐데, 중력이라는 무형의 손아귀를 떨칠 수 없었다. 그럼에도 마침내 지구 쪽으로 향하기 시작했지.

리처드 그때 넌 어디에 있었나?

혜성 지구에서 500AU 남짓 떨어진 곳에 있었다. 태양에서 가장 먼 궤도상인데, 그곳을 원일점*이라고 한다. 거기서는 태양의 밝기가 지구에서 보는 것의 1백만 분의 4밖에 안 된다. 밤에 한 30미터 거리에서 100와트 전구 불빛을 보는 정도다. 나는 시속 약 320킬로미터의 속도로 기어가고 있었다. 그런 속도로는 지구까지 가는 데 2만 7천 년은 너끈히 걸린다. 하지만 나는 뉴턴의 머리에 떨어진 사과 속도의 10억 분의 2만큼씩 가속도가 붙었다. 내 열의 유일한 원천이 태양이라서, 원일점에서 나는 절대온도 15도밖에 안 된다. 화씨 영하 433도, 섭씨로는 영하 258도!

원일점 遠日點, aphelion. 궤도상 태양에서 가장 멀어진 위치. 반대는 근일점近日點, perihelion. 500AU는 태양에서 지구까지 거리의 500배로 약 750억 킬로미터다.

리처드 내 가슴이 다 철렁한다.

혜성 과학 분야의 놀라운 쇠퇴 때문에 나는 가슴이 더 철렁했다. 고대 과학이 그토록 발달했건만 그 뒤로는 너무나 미진했기 때문이다. 나는 영원히 이해 못할 존재로 남을 것만 같았다. 내가 500AU의 원일점을 떠나 400AU 거리까지 접근하는 데는 13세기가 걸렸다. 태양에서 명왕성까지의 거리보다 아직도 10배는 더 떨어져 있을 때*, 나는 세계 최초 과학원이 바그다드에서 문을 열었다는 소식에 열광했다. 바그다드에서는 고대 그리스의 초기 과학 저술을 구해서 번역할 수 있었고, 대수代數가 크게 발달했다. 나는 여전히 너무나 멀리 떨어져 있어서 태양 빛이 가물가물했지만, 그래도 한결 더 밝아지고 있었다. 내 온도는 고작 2~3도 올라갔지만, 이때는 시속 3,700킬로미터로 날고 있었다.

리처드 아득한 우주 공간에서 그토록 긴 시간을 보낸 줄 몰랐다. 암튼 여행을 즐기고 있으리라고 믿고 싶다.

혜성 물론이다. 서기 1600년에서 1700년까지 나는 약 50억 킬로미터를 여행했다. 이 무렵이 나로선 가장 행복한 시기였다. 갈릴레이가 이때 막 망원경을 발명해서 목성의 위성 네 개를 발견했다. 더욱 중요

태양계의 크기

태양에서 지구까지 거리는 1AU, 타원궤도를 공전하는 명왕성까지는 29~49AU. 원일점이 몇만 AU에 달하는 혜성도 있다. 태양계의 반경을 멀게는 10만 AU까지 본다. 1광년은 약 6만 AU니까 지구에서 태양계 밖까지 횡단하는 데 빛의 속도로 1년이 훨씬 더 걸린다. 그러나 태양계의 경계는 대체로 태양권 덮개까지로 보는데, 이것은 명왕성 궤도까지의 두 배 거리에 있다. 그러니까 태양에서 100AU까지를 태양계로 보는 것이 무난하다. 저자도 태양계의 범위를 그 정도로 보고 있다.

한 것은, 금성도 달처럼 모양이 바뀐다는 사실을 발견했다는 것이다. 이때부터 그는 금성이 태양 둘레를 돈다는 결론을 제대로 내릴 수 있었다. 튀코 브라헤가 정밀하게 관측해서 제시한 행성들의 정확한 위치 자료를 토대로, 케플러는 행성들의 궤도가 타원형이라는 결론을 내리고, 유명한 '행성 운동 법칙'을 발표했다. 모든 행성의 공전주기의 제곱은 궤도의 긴반지름의 세제곱에 비례한다는 것 말이다. 당시 행성은 지구를 포함해서 모두 여섯 개가 알려져 있었는데, 다섯 개의 정다면체를 여섯 개의 구에 내접시켜 만든 케플러의 초기 태양계 모형*은 꽤 흥미로웠다. 지난번 지구 방문과 달리 이번에는 내 가속도만큼이나 지구의 물리학이 진보했으리라는 예감이 들었다.

리처드 어느 분야 물리학이 발전한 것을 보고 싶었나?

혜성 뉴턴이 (마침내) 광학에 관한 저술을 발표하면서 18세기가 환히 밝았다. 뉴턴은 빛이 입자로 이루어졌다고 생각했다. 그 '미립자'가 진동할 거라고 믿기는 했지만, 뉴턴의 입자설 때문에 빛이 파동으로 이루어졌다고 주장한 토머스 영의 이중 슬릿 실험 결과가 받아들여지기까지는 한참 시간이 걸렸다. 파렌하이트Fahrenheit, Daniel Gabriel는 지금도 미국에서 사용되는 수은온도계와 화씨온도 눈금을 개발했고, 정전기 실험을 하고 있었다. 핼리Halley, Edmund는 뉴턴의 중력이론을 이용해서 내 누이들 가운데 하나가 1758년에 다시 나타나리라고 예견했

케플러의 태양계 모형 정4면체, 정6면체, 정8면체, 정12면체, 정20면체 등 정다면체가 다섯 가지밖에 없다는 사실은 고대 그리스 시대에 증명되었다. 케플러는 이들 정다면체를 구 안에 내접시키고 각각의 구를 행성궤도로 설명하는 태양계 모형을 제시했다. 파릇파릇한 25세 때의 일이었다.

다. 하지만 내게도 큰 영향을 미치는 목성 때문에 예견한 날짜보다 며칠 늦게 나타났다. 허셜Herschel, Sir William이 천왕성을 발견함으로써 모든 행성이 선사 시대에 이미 다 발견되었다는 고정관념에 지진을 일으켰고, '다른 행성이 또 있나?' 하는 의문의 문을 활짝 열어젖혔다. 세기말 무렵, 볼타Volta, Alessandro가 아연판과 구리판을 젖은 판지 사이에 교대로 끼워 넣은 최초의 배터리를 발명했다. 그즈음 나는 태양에서 천왕성까지 거리의 10배쯤 떨어져 있었다. 속도는 시속 8천 킬로미터에 이르렀다.

리처드 이제 19세기에 이르렀나?

혜성 그렇다. 19세기에 나는 거의 80억 킬로미터를 여행했다. 그때 존 애덤스Adams, John Couch와 위르뱅 르베리에Urbain Le Verrier가 천왕성 궤도를 둘러싸고 티격태격하고 있는 모습을 보았다.

리처드 그들은 무엇 때문에 다투었나?

혜성 다른 행성궤도가 타원형임을 케플러가 알아냈고, 뉴턴의 이론도 타원궤도를 예견했지만, 천왕성 궤도는 타원형이 아니었다. 이 문제 때문에 사실 말이 많았다.

리처드 무슨 뜻인가?

혜성 궤도가 왜 이상한지 아는 사람이 아무도 없어서 당황한 거다.

리처드 답은 찾았나?

혜성 뉴턴의 중력이론을 의심하는 사람도 더러 있었다. 내행성의 경우는 중력이론이 맞지만, 멀리 떨어진 외행성의 경우엔 맞지 않는 것 같았다. 또 어쩌면 우리 태양의 중력장이 믿을 수 없을 만큼 약한 것일 수도 있었다. 하늘에 먹구름 드리우듯 다들 생각이 흐리멍덩할 뿐이었다.

리처드 무지의 먹구름은 걷혔나?
혜성 오래지 않아서. 보이지 않는 물질이 작용하고 있을 수 있다는 생각을 하게 되었다. '거대한 구름 같은 보이지 않는 물질이 천왕성을 밀고 당기는 것 아닐까?' 하고 말이다.

리처드 그리 설득력 없는 생각 아닌가?
혜성 이제는 다들 그것을 믿는다. 완전히 보편화되었을 정도로.

리처드 우리가 믿는다고?
혜성 이제 과학자들은 우주 대부분이 보이지 않는 물질로 채워져 있다는 걸 믿는다. 보이지 않는 물질이 때로는 천체의 움직임을 지배한다.

리처드 구체적으로 설명해 달라.
혜성 너희 은하는 나선은하라고 알고 있다. 그 점은 은하와 인터뷰할 때 직접 물어보기 바란다.

리처드 그러겠다. 그런데 천왕성 문제는 어떻게 해결되었나?

혜성 최종적인 답은, 천왕성 궤도가 다른 행성 때문에 교란되었다는 것이다. 애덤스와 르베리에가 독자적으로 존재를 예견한 해왕성이 바로 그것이다. 역사상 가장 육중한 예견이었다!

리처드 그 기간에 놀랄 만한 발전이 또 있었나?

혜성 맥스웰Maxwell, James Clerk이 세련되게 종합한 전기와 자기법칙을 비롯해서 많은 발전이 이루어졌다.

리처드 우리가 물리학을 잘 이해할수록 네가 더 행복해하는 것 같다. 왜 그런가?

혜성 나도 모르겠다. 아마도 알고자 하는 욕구 때문 아닐까.

리처드 그 마음 나도 잘 안다. 20세기 들어서는 어땠나?

혜성 20세기에 접어들었을 때, 나는 태양에서 177AU 떨어진 곳에 있었다. 명왕성이 가장 멀리 있을 때 거리보다 4.5배쯤 먼 곳이다. 이때는 거의 시속 1만 킬로미터로 여행했는데, 이런 가속도라면 20세기 말에 태양계에 들어갔다 나올 것 같았다. 20세기 물리학 발전 속도는 끊임없이 속도를 높이고 있는 내 속도와 견줄 만했다. 이제는 수성의 궤도가 뉴턴 이론의 예견과 같지 않다는 것도 알려졌고, 그 결과 보이지 않는 새로운 행성의 존재가 또 도마 위에 올랐다. 벌컨Vulcan이라는 가상 행성이 수성 궤도를 교란시키고 있으리라는 주장이었다. 뉴턴의 이론이 다 의심을 받았지만, 올바른 해답을 찾는 데는 그리 오랜 시간이 걸리지 않았다.

그리고 1905년, 아인슈타인이 특수상대성이론으로 물리학을 새로운 경지로 끌어올렸는데, 특히 $E=mc^2$라는 방정식으로 물질과 에너지가 전환된다는 것을 예견했다. 10년 후, 아인슈타인은 일반상대성이론을 발표해서 뉴턴의 중력이론을 대체했다. 나는 뉴턴과 아인슈타인의 이론이 발표되는 사이에 260억 킬로미터쯤을 여행했다. 이때는 아인슈타인의 이론이 예견한 정확한 수성 궤도를 볼 수 있을 만큼 가까이 있었다. 이 무렵 전자가 발견되었고, 러더퍼드Rutherford, Ernest는 원자 내부가 대부분 텅 비어 있다는 사실을 발견했다. 보어Bohr, Niels Henrik David는 원자적 사고의 길, 그러니까 에너지와 운동량이 불연속적으로 나타나는 원자 규모의 세계를 향한 새 길을 개척했다.

빛이 입자냐 파동이냐 하는 해묵은 뉴턴-영 논쟁이 대대적으로 부활했는데, 내가 태양 가까이 이르렀을 때 마침내 결판이 났다. 빛은 입자라고. 광자라 불리는 이들 입자 대부분은 파동처럼 행동하는 것으로 보인다. 빛을 파동으로 생각한 것도 그래서였다. 결국 뉴턴이 옳았지만, 뉴턴이 말한 이유는 틀렸다!*

리처드 여행이 정말 신났겠다. 이제 슬슬 아주 최근의 시간대에 이른 것 같다.

빛의 이중성

뉴턴이 빛을 입자로 본 것은 에너지와 운동량이 연속적이어야 한다는 이유에서였다. 하지만 원자 규모의 에너지와 운동량은 불연속적이기 때문에, 빛이 입자라는 뉴턴의 말은 옳았지만 그 이유는 틀린 셈이다. 수많은 책과 인터넷에서 빛은 입자인 동시에 파동이라고 말하는데, 빛이 파동이라는 건 무식한 소리라고 뒤에서 중성자가 단언한다. 파동-입자 이중성wave particle duality이란 건 자연계에 없고 오직 인간의 책에만 있다고!

EUREKA!
E=MC²

혜성 그렇다. 1950년 무렵, 양자역학이 자연을 정확히 기술하는 이론으로 확고히 자리를 잡았다. 알다시피 원자폭탄이 투하되었고, 그 밖에 많은 일이 일어났다. 나를 이해하기 위해 지식을 축적하며 그렇게 많은 세기를 보낸 후, 그 지식과 후손들을 말살하는 데 그것을 이용할 수도 있다는 아이러니한 가능성에 나는 진저리를 쳤다.

리처드 내가 기록하지 않을 수 없는 또 다른 아이러니가 있다.

혜성 뭔가?

리처드 파괴에 대해 염려를 많이 하는 듯한데, 우리 인간이 저지르는 짓보다, 너와 같이 커다란 혜성 하나가 지구를 강타한다면 지구의 모든 생명이 완전 말살될 수 있지 않나.

혜성 그건 그렇다. 하지만 너희가 스스로를 파괴한다면 그게 훨씬 더 큰 비극 아니겠나.

리처드 그건 그렇겠다. 너의 여행 이야기로 돌아가서, 이제 인간은 혜성을 훨씬 더 잘 이해하게 되었다고 본다.

혜성 맞다. 휘플[Whipple, Fred]은 혜성을 '더러운 눈덩이'라고 일컬었다. 이런 별명이 달갑진 않지만, 나를 잘 이해했다는 점에서는 반갑다. 그리고 내가 투덜이 질투의 화신인 소행성이 아니어서 별님들에게 감사드린다.

리처드 혜성과 소행성은 사뭇 다르다고 알고 있다. 너는 언제 태양계 안에 들어왔나?

혜성 40AU 떨어져 있던 나는 20년 동안 20AU를 주파했다. 태양에서 천왕성까지 거리가 약 20AU인데, 이때가 1980년대에 후반이었다. 여러 심오한 신비가 이 시기에 베일을 벗었다. 나중에 인터뷰를 계속하며 그 이야기를 나누게 될 거다.

리처드 근본적이면서도 미해결된 물리학 문제가 아직도 많다고 생각하는 듯하다.

혜성 물론이다.

리처드 이번 여행에서 너의 관심을 사로잡은 것이 있다면?

혜성 내가 태양계에 접어들었을 때, 자연을 바라보는 새롭고도 심오한 방법이 등장했다. 입자를 끈으로 보는 게 그거다. 끈 이론에서는 진동 모드가 다르면 다른 입자로 해석된다. 새로운 끈 이론은 피타고라스를 떠오르게 한다. 그는 하프를 뜯으며 현string에 대한 실험을 해서, 그 결과를 행성들 거리에 대한 우주론으로까지 승화했다. 그와 비슷한 맥락에서 요즘의 끈 이론가들은 이런 주장을 펼친다. '조화로운' 관계를 형성하며 진동하는 여러 끈들은 서로 다른 기본 입자로 보아야 하고, 그런 끈들로 모든 자연이 이루어져 있다고. 뉴턴이 살아 있다면 이것을 어떻게 생각할지 궁금하다. 암튼 1994년에 나는 태양에서 10AU 떨어진 곳에 있었다.

리처드 토성 궤도 반지름과 거의 비슷한 것 같다.

혜성 그렇다. 이때 나는 거의 시속 5만 킬로미터로 여행하고 있었다. 내 온도는 섭씨 영하 150도였다. 이것도 액체질소의 비등점(영하 196도)보다 높다. 아직도 춥기는 하지만 일부 가스가 벌써 증발해서 나와 함께 궤도 비행을 하고 있었다. 나는 곧 발견될 참이었는데, 이 무렵 페르미 연구소의 입자가속기에서 꼭대기 쿼크top quark가 발견되었다. 자연계에 여섯 가지 유형의 쿼크가 있다는 믿음을 페르미 연구소에서 사실로 확인한 거다. 자연의 이 기본 구성 물질이 정확히 여섯 가지인 이유를 아는 사람은 없었지만 말이다. 내가 다시 5AU를 여행하는 데는 2년 가까이 걸렸다. 이제 목성 근처에 이르렀다. 내 온도는 영하 111도까지 치솟아서, 더 이상 내게서 승화sublimation* 하는 기체는 없었다. 이때 앨런 헤일과 토머스 밥이 마침내 나를 관측했다. 목성이 내 궤도를 바꾸는 바람에 내 주기가 4206년에서 2380년으로 대폭 줄어든 것을 알고 흐뭇했다.* 1997년에 난 태양에서 1AU 떨어진 곳에 있었고, 내 온도는 영상 7도까지 올라갔다.

리처드 섭씨로?

혜성 그렇다. 화씨로는 45도에 해당한다. 이건 지구의 평균기온이기도 하다. 나를 떠난 입자들이 내 핵으로부터 수백만 킬로미터 뒤까지

승화 드라이아이스나 얼음이 녹지 않고 증발하듯, 고체가 액체로 바뀌지 않고 바로 기체로 바뀌는 현상이다.

헤일-밥 혜성의 주기 인터넷에 여러 가지 수치가 나오는데, 이것이 NASA에서 발표한 정확한 수치다. 2380년 주기가 맞는다면 다음에는 정확히 4377년에 돌아오게 된다. 하지만 궤도 주변 천체의 중력 때문에 또 바뀔 수도 있을 것이다.

꼬리를 드리웠다. 나는 그중 일부를 잃어버리겠지만, 태양 근처를 떠나면 다시 일부를 포착하게 될 거다.

내가 태양계의 경계 안에서 보낸 기간은 내 주기의 1%도 되지 않을 거다. 목성 궤도 안에서 보낸 기간은 그 1%의 10분의 1에 불과하다. 그 기간에 지구에서 내가 직접 본 것은 그저 스냅사진 한 장이랄까.

리처드 또 돌아올 건가?

혜성 그렇다. 4380년쯤에. 그때 또 무엇을 보게 될지 궁금하다. 이론 분야든 실험 분야든 지금의 물리학이 그때 가면 보나마나 구닥다리로 보일 것이다. 200년 전만 해도 지식인들은 '행성이 왜 여섯 개일까?' 하는 생각에 골몰했다. 그런데 이제 우리는 행성 숫자는 중요하지 않다고 말한다. 태양계가 형성될 때 만들어진 행성의 숫자는 우연의 산물인 거다. 과거 질문은 폐기 처분되고 이런 질문이 새로이 대두되었다. "쿼크는 왜 여섯 개일까?" 내가 다시 돌아오면 이 질문 역시 폐기 처분되고 새로운 질문으로 바뀌어 있을까? 아니면 명쾌한 답을 알고 있을까? 어서 알고 싶어서 벌써부터 좀이 쑤신다!

리처드 암튼 이렇게 시간을 내주어 고맙다. 정말 알찬 정보였다.

혜성 덕분에 나도 즐거웠다. 다음에 들렀을 때 또 이런 기회가 있었으면 좋겠다.

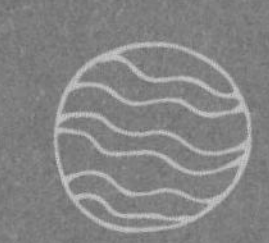

0.10 나선은하와의 인터뷰

리처드 은하들이 심하게 내외를 한다던데, 이렇게 인터뷰에 응해 주어 고맙다.
나선은하 인터뷰를 하게 되어 기쁘다.

리처드 너는 수많은 별로 이루어졌다고 알고 있는데, 대체 하나의 은하에 별이 얼마나 많은가?
나선은하 나는 별들의 모임 이상이다.

리처드 그럼 또 무엇으로 이루어졌나?
나선은하 너는 원자들의 모임에 불과하다는 말을 들으면 기분이 어떻겠나?

리처드 그야, 본질적으로 난 원자로 이루어진 게 맞다.
나선은하 넌 영혼도 없고, 마음도 없나?

리처드 물론…….
나선은하 뭐, 별것 아니다. 네가 원자들의 모임 이상이듯, 나도 별들의 모임 이상이다.

리처드 물론 그 말이 맞다. 멍청하게 굴어서 미안하다. 너를 욕보일 뜻은 없었다. 자기소개를 좀 부탁해도 될까?

나선은하 알다시피 나는 지름이 10만 광년쯤 되고, 불룩한 중심부를 빼고는 접시처럼 납작한 편이다. 덧붙여 말하면, 나한테는 후광 같은 거대한 헤일로*가 있는데, 그건 그저 외부에 공 모양으로 펼쳐진 구름 같은 거다.

리처드 빛이 1년 동안 나아가는 거리를 1광년이라고 하지?

나선은하 그렇다. 약 9.5조 킬로미터에 해당한다. 나한테는 약 100억 개의 별과 막대한 수소 구름, 블랙홀, 적색거성, 백색왜성, 수많은 태양계, 별이 없는 거대 행성, 중성자별, 펄서 들이 있고, 내 거대한 나선팔이 눈에는 보이지 않지만 자기장과 다채로운 구조로 이루어져 있다는 것이 가장 뚜렷한 특징이다.

리처드 언제 어떻게 형성되었는지 말해 달라.

나선은하 우주가 아주 젊고 여전히 빠르게 팽창하고 있을 때 모든 게 시작되었다. 거의 100억 년 전인데, 우주는 주로 수소와 약간의 헬륨, 언급할 건더기도 없는 기타 몇 가지 원소로 이루어져 있었다. 우주는 아주 따분할 것처럼 보였다. 캄캄한 우주 공간이 계속 팽창하며 부피만 키우고 있었으니까. 그런 초기 우주부터 현재의 우리 상태까지 추론하는 것은 나무를 심기도 전에 나뭇잎이 떨어질 곳을 예견하는 것과 같다.

은하 헤일로 galactic halo. 은하 전체를 감싸듯이 구형으로 희박하게 분포하고 있는 구름 같은 것으로, 성간물질과 구상성단으로 구성되어 있다.

리처드 그 후 어떻게 되었나?

나선은하 수소가 팽창했다고 해서 그 양상이 한결같은 건 아니었다. 어디선 한데 뭉쳤고, 밀도가 더 높기도 했다.

리처드 사람들이 해변에 떼 지어 모인 것처럼?

나선은하 그렇다. 원자는 사회법칙이 아니라 자연법칙을 따른다는 차이가 있을 뿐.

리처드 그야 물론이다. 그다음엔 어떻게 되었나?

나선은하 그 무렵에는 우주 팽창보다 중요한 일이 일어났다. 밀도가 더 높은 지역은 스스로의 중력장 아래서 수축하기 시작한 거다. 물론 그 수축 내부에서 또 다른 수축이 일어났고, 또 다른 수축이 일어났다. 은하가 형성되면서 별들과 태양계가 그렇게 형성됐다.

리처드 너도 그런 식으로 형성되었나?

나선은하 아니, 아직은 아니다. 이 은하는 작아서, 가장 초기 은하들처럼 질량이 태양의 5천만 배 정도밖에 되지 않았다. 근데 근처에 많은 은하가 있었고, 그것들이 서로 모이기 시작했다. 다시 몇십억 년이 지나자 모두가 하나로 합쳐졌고, 내가 존재하게 되었다.

리처드 알겠다. 그런데 너의 나선 팔도 궁금하다.

나선은하 그거 멋지잖나?

리처드 멋지다. 네 개의 나선 팔을 어떻게 그처럼 멋지게 벌리고 있나?

나선은하 생각이 고루하다.

리처드 나름 최선을 다하고 있다.

나선은하 넌 내 나선 팔이 마치 스핀 동작을 하는 발레리나의 팔 같은 줄 아는 모양이다.

리처드 다른가?

나선은하 다르다. 어떻게 된 거냐 하면, 내 주위에 밀도파*가 퍼져서, 어떤 지역은 가스가 압축되고 다른 지역은 가스가 희박해진다. 별들이 나선 팔 지역에 들어서면 속도가 느려지고 서로 가까워진다. 이런 놀라운 과정이 사실상 새로운 별들의 탄생을 촉발한 거다.

리처드 너의 밀도파를 음파와 같다고 생각하면 맞나?

나선은하 그렇다. 분자가 모였다 흩어지듯 별들이 '헤쳐 모여'를 한다. 열기구를 타고 바닷가 위에 떠서 파도치는 모습을 촬영한다고 상상해 보라. 모든 사진에 파도 모습이 보이지만, 그 파도는 고정된 물의 구조가 아니다.

밀도파 密度波, density wave. 나선은하의 구조를 설명하기 위해 나온 개념으로, 나선 팔이 물질이 아니라 고속도로 상습 정체 구간처럼 교통 밀도가 높은 구역이라고 본다. 따라서 나선 팔은 회전하는 게 아니다. 공전하는 별들의 정체 구간일 뿐이다. 은하 중심은 바깥보다 빠르게 회전하기 때문에 만일 나선 팔이 물질이라면 점점 빽빽하게 조여서 결국은 다른 팔과 구분할 수 없게 된다.

리처드 알겠다. 그런데 별들은 은하계 중심의 둘레를 맴돌고 있지 않은가?

나선은하 그런 편이지만, 불룩한 내 중심부에서는 무슨 일이든 일어날 여지가 있다. 계속 변화하는 주변 상황을 헤쳐 나가며 별들이 지그재그로 움직이고, 무수히 충돌하고, 야만적인 블랙홀들은 수중에 들어온 모든 것을 먹어 치우고, 뜨거운 가스는 X선을 내뿜고, 기타 등등 이루 다 말로 형용할 수 없다.

리처드 불룩한 중심부를 벗어나면 고요한가?

나선은하 그렇다. 바깥에서는 별들이 그저 내 중심부 둘레를 돈다. 너희 행성들이 태양 둘레를 도는 것과 다소 비슷하다.

리처드 별이 궤도를 일주하는 데 얼마나 걸리나?

나선은하 거리에 따라 다르지만, 예를 들어 너희 태양은 한 바퀴 공전하는 데 2억 년* 걸린다. 중심에서 더 멀리 있는 별들은 시간이 더 걸린다. 하지만 네가 내게서 눈을 뗄 수 없는 이유 가운데 하나인 최고의 수수께끼가 바로 거기 도사리고 있다.

리처드 그 수수께끼란 뭔가?

나선은하 그것 때문에 수십 년 동안 천문학자들이 전전긍긍했는데,

은하년

태양의 공전주기인 2억 년을 1은하년이라고 한다. 태양 나이를 50억 살로 잡으면 25번 공전한 셈이고, 은하년은 25년이 된다. 태양의 공전 속도는 초속 약 220킬로미터고, 은하 중심에서 약 2만 5천 광년 떨어져 있다. 은하의 반경은 약 5만 광년이니, 은하의 변두리가 아니라 중간에 위치한 셈이다.

알고 보니 그게 이론물리학자들에게 힘을 실어 준 고옥탄가 연료로 밝혀졌다. 이론물리학자들은 이 수수께끼로 자기 이론의 신빙성을 대폭 높일 수 있다. 초끈 이론부터 대통일장 이론까지 말이다.

리처드 그래서 그 수수께끼가 뭐란 말인가?
나선은하 최대의 수수께끼 가운데 하나다.

리처드 아 좀.
나선은하 알았다. 이야기를 들려주지. 몇 년 전 내 질량을 알아내기 위해 인간은 내 주위 궤도를 도는 외부 별들의 속도를 측정했다.

리처드 우리가 그런 속도를 다 측정할 수 있단 말인가?
나선은하 그렇다. 식은 죽 먹기다. 도플러효과를 이용하면 된다.

리처드 도플러효과란 명백한 파장의 변화를 뜻하나? 다가오는 기차에 비해 지나쳐 간 기차의 기적 소리 파장이 더 길어서 음높이도 더 낮게 들린다는 거?
나선은하 그렇다. 같은 원리가 빛에도 적용된다. 너희는 별들이 무엇으로 이루어져 있는지 알고 있으니, 별빛의 파장이 어떻게 되는지도 알겠지? 하지만 별들이 이쪽을 향해 다가올 때는 파장이 짧아서 청색 편이blue shift, 파랑 쏠림 현상을 보이고, 멀어질 때는 적색 편이red shift, 빨강 쏠림라 불리는 더 긴 파장을 띤다. 실제로 별의 속도는 청색 편이나 적색 편이 정도와 비례한다. 그 정도를 측정하면 별들의 속도가 나온다.

리처드 알겠다. 그렇게 속도는 알아낸다지만, 은하의 질량을 구하기 위해 그 속도를 어떻게 이용한다는 건가?

나선은하 그건 내가 아니라 너희 인간이 알아냈다. 정확히 말하면 케플러가 알아냈지. 그는 태양 둘레를 도는 너희 행성들 궤도를 분석해서, 그 공전주기의 제곱은 태양까지 거리의 세제곱에 비례한다고 결론지었다. 이때 질량은 이 공식의 비례상수에 포함된다. 늘 느끼지만, 케플러의 발견은 정말 과학사에 획기적인 전환점이었다. 모든 신문, 모든 헤드라인이 그 방정식으로 도배되었어야 마땅한데 그러지 않았다는 게 통 이해가 안 된다.

리처드 그런 걸로는 신문 안 팔린다.

나선은하 뭘 도배해야 신문이 팔리나?

리처드 사람들의 관심을 확 잡아 끄는 건 하늘의 스타가 아니라 할리우드의 스타다. 케플러가 주기와 거리를 알아내서 태양 질량을 예측했다는데, 그게 은하에도 적용되나?

나선은하 그렇다. 광학적 측량으로 별의 궤도 반지름을 구하고, 속도로 주기를 알아내면 은하의 질량*을 구할 수 있다.

리처드 그건 그렇고 수수께끼는 대체 뭔데?

은하의 질량 계산상으로는 그런데, 정작 그 답은 태양의 500억 배~2조 배 사이이다. 우주는 눈에 보이지 않는 암흑 물질이 지배하고 있는데, 그 암흑 물질이 얼마나 분포한다고 보느냐에 따라 현격한 차이가 발생한다.

나선은하 케플러의 법칙에 따르면, 거리가 멀수록, 그러니까 별이 내 중심부에서 멀리 떨어져 있을수록 주기도 길다. 이해되나?

리처드 된다.

나선은하 주기가 더 긴 이유 가운데 하나는, 그 별들이 멀리 있을수록 더 천천히 움직이기 때문이다. 예를 들어 수성은 거의 초속 50킬로미터로 태양 둘레를 돈다. 불쌍한 명왕성은 초속 5킬로미터로 기다시피 한다. 더 멀수록 더 느리다.

리처드 그러니까 은하계에서, 바깥쪽 대다수 별들은 안쪽 별들보다 더 느리다? 그것도 케플러의 법칙에 따라 예견됐나?

나선은하 그렇다. 뉴턴의 중력이론도 그렇게 예측하고, 아인슈타인의 일반상대성이론도 마찬가지다. 그건 엉성한 이론이 결코 아니다.

리처드 그래서 그 수수께끼가 뭐냐고.

나선은하 근데 바깥 별들이 안쪽 별들만큼 빠르게 움직인다! 별들만 그런 게 아니다. 바깥 지역 가스도 측정할 수 있는데, 사실 바깥 지역에서는 별보다 가스를 더 많이 관측한다. 하지만 그 결과는 동일하다. 일단 일정 거리를 넘어서면, 모든 천체가 동일한 속도로 내 주위를 돈다.

리처드 태양 둘레를 도는 행성들과 달리, 더 멀리 있는 천체가 안쪽에 있는 천체보다 더 느리게 움직이지 않는다고?

나선은하 그렇다. 속도-거리 그래프를 그리면, 거리가 증가함에 따라 속도가 감소하는 게 아니라 속도가 일정함을 보여 주는 평평한 일자로 나타난다. 그것을 평평한 회전 곡선flat rotation curves* 의 수수께끼라고 부르는 사람도 있다.

리처드 잠깐. 더 멀리 있는 별은 속도가 더 느리다고 그 유명한 이론들이 입증했다고 하지 않았나. 아인슈타인까지 들먹이면서.

나선은하 이 쟁점에 대해서는 두 가지 학설이 제기되었다. 하나는 기존 이론이 틀렸다는 학설이다. 결국 그 이론들은 태양계 규모에서만 검증되었을 뿐이다. 은하계는 그보다 훨씬 더 크다. 그러니 소규모에서는 그 이론들이 맞지만…….

리처드 소규모란 태양계 규모란 뜻인가?

나선은하 그렇다. 내 규모에 비하면 태양계는 솔직히 개미만 하다. 그래서 소규모에서는 기존 이론들이 맞지만, 대규모에서는 파탄이 난다. 그런데 이 학설은 학생 대부분에게 인기를 끌지 못하고 있다.

리처드 다른 학설은?

나선은하 암흑 물질.

회전 곡선 별들(또는 가스 구름)의 궤도 속도와 은하 중심까지의 거리 관계를 그래프로 그려서 얻은 값이 은하의 회전 곡선이다. 근거리에서는 속도가 매우 빠르게 나타나고, 거리가 멀어지면서 속도가 뚝 떨어지기 시작한다. 그런데 일정 거리를 벗어나면 오히려 속도가 다시 살짝 상승한 후 평평하게 거의 일직선을 그린다. 이론적으로는 계속 속도가 떨어져야 정상인데 그렇지 않은 이유는 본문에 나온다.

리처드 안 그래도 그걸 물어볼 생각이었다. 자세히 말해 줄 수 있나?

나선은하 물론 기꺼이. 이론대로라면 내 중심에서 별이 더 멀수록 회전속도가 더 느려야 한다. 대부분의 질량에서 더 멀리 떨어져 있기 때문에 그럴 수밖에 없다. 질량에서 멀어지면 중력이 약해지고, 중력이 약해지면 가속도가 줄어든다. 그 결과 속도가 느려진다.

리처드 그건 이미 설명했다.

나선은하 강조하기 위해서다. 대부분의 질량에서 멀어지면 속도가 느려진다는 걸 말이다.

리처드 알겠다.

나선은하 한편 눈에 보이는 것보다 더 많은 질량이 존재한다면, 그 보이지 않는 물질이 바깥 별들이나 가스 구름이 관측된 속도대로 움직이는 데 필요한 여분의 중력을 만들어 낼 거다.

리처드 보이지 않는 물질이 어디에 있는데?

나선은하 거기엔 몇 가지 이론이 있지만, 근본적으로 내 은하 전체, 내 헤일로 전체에 퍼져 있다고 예견된다.

리처드 그럼 평평한 회전 곡선을 설명하는 보이지 않는 물질이 암흑물질이다?

나선은하 그렇다.

리처드 그리고 그게 우리한테 안 보이니까 암흑 물질이라고 부른다?

나선은하 그렇다.

리처드 암흑 물질은 얼마나 많나?

나선은하 대다수 이론의 예측에 따르면, 암흑 물질은 보이는 물질량의 10~20배에 이른다.

리처드 일반 물질보다 암흑 물질이 더 많단 말인가?

나선은하 훨씬 더 많다.

리처드 믿기지 않는다. 암흑 물질은 무엇으로 이루어졌나?

나선은하 6만 4천 달러짜리 질문*이다.

리처드 요샌 인플레가 되어 백만 달러짜리라고 말한다.

나선은하 암튼 그건 물리학과 천문학에서 발등에 떨어진 불 같은 질문이다.

리처드 수소처럼 흔한 걸로 이루어지지 않았을까?

나선은하 내 나이가 수십억 살이란 걸 알아주라. 엄청난 양의 수소가 붕괴되어 형성된 별이나 독립적으로 존재할 만큼 뜨거운 물질이라면, 인간은 그 존재를 알아차릴 수 있다. 다른 일반 물질이라도 마찬

6만 4천 달러짜리 질문 사람들이 답을 알지 못하는 중요한 질문이란 뜻으로, 1950년대 미국의 인기 퀴즈쇼에서 유래했다.

가지다.

리처드 우리 목성처럼, 붕괴되어 형성된 커다란 행성 유형의 천체라면? 그건 별이 아니니까 안 보일 것 아닌가?
나선은하 목성이 우글거린다면 말이 된다.

리처드 블랙홀이라면? 그것 역시 보이지 않잖나?
나선은하 아니, 볼 수 있다. 블랙홀과의 인터뷰를 벌써 잊었나? 가스가 블랙홀로 빨려 들어갈 때 X선을 방출한다.

리처드 알고 있다. 하지만 그게 별들만큼 밝은 게 아니잖나. 텅 빈 공간에 블랙홀이 있어서 빨려 들어갈 가스가 없을 수도 있지 않은가.
나선은하 그 말은 맞다. 하지만 우리 은하들에는 헤아릴 수 없이 많은 가스와 먼지가 있다. 그래도 네 말대로 그럴 가능성도 있다. 사실 암흑 물질을 구성할 만한 온갖 종류의 중입자 천체에 대한 추측과 이론이 난무하다.

리처드 중입자 천체?
나선은하 암흑 물질이 아닌 일반 입자를 가리키는 말이다. 양성자나 중성자 따위 말이다. 암튼 그런 천체를 마초MACHO, 곧 무거운 고밀도 헤일로 천체MAssive Compact Halo Objects• 라고 한다.

마초 터프 가이. 윔프(약골)와 대비되게끔 억지로 지어 붙인 이름이다. 윔프와 마초, 액시온axion이 암흑 물질의 주요 후보로 꼽힌다.

리처드 마초와도 인터뷰하려고 애쓰고 있다.

나선은하 잘하고 있지만, 무리하진 마라. 문제는, 최근 30년 동안 천문학자와 물리학자 들이 한 추정에 따르면, 어떤 마초나 거대 가스 구름 등은 그 답이 될 수 없는 것 같다는 점이다.

리처드 암흑 물질이 일반 물질로 이루어지지 않았다면, 대체 무엇으로 이루어졌다는 건가?

나선은하 그것 역시 수수께끼다. 중력 관점에서 보면 그건 일반 물질처럼 행동해야 한다. 그러면서도 광학, X선, 전자파 그리고 그 사이의 모든 것이 관측되지 않는, 보이지 않는 상태에 있어야 한다.

리처드 그래서 무엇이란 얘긴가?

나선은하 암흑 물질은 약골일 수도 있겠다고 추정되고 있다.

리처드 윔프란 소린가?

나선은하 그렇다. 윔프, 그러니까 약작용 질량 입자인 뉴트랄리노와 아까 인터뷰하지 않았나. 자기 이름에 과민 반응을 보이던데, 왜 그러나 모르겠다. 그냥 별명일 뿐인데.

리처드 자존심 상할 수도 있을 거다. 암튼 암흑 물질이 윔프일 수도 있다?

나선은하 그렇다. 아직 관측되지 않은 모종의 별난 입자*일 수 있다.

리처드 그 모든 것에 대해 하나가 마음에 걸린다.
나선은하 그게 뭔가?

리처드 그 물질이 일반 물질이 아니라, 윔프나 다른 모종의 별난 입자일 수 있다?
나선은하 그렇다.

리처드 바로 거기에 문제가 있다.
나선은하 문제가 많지 않은 것 같아 다행이다. 말해 보라.

리처드 인간이 만들어 낸 모든 물리법칙은 수 세기에 걸쳐 온갖 실험을 통해 추론되었다. 그런데 모두가 일반 물질로 한 실험들이다. 벤저민 프랭클린*과 연 실험부터, CERN과 입자가속기에 이르기까지 말이다. 일반 물질이 정말 소수이고, 그것도 극소수라면, 물리법칙들이 옳다고 우리가 어떻게 확신할 수 있겠는가?
나선은하 동굴 속에서 벽을 보고 앉아 그림자만 보면서 현상이 아닌 실재reality가 존재함을 어떻게 추론할 수 있느냐고 지금 묻는 건가?

별난 입자 exotic particle. 일반 물질이 아닌 물질, 곧 관측되지는 않았지만 현대물리학에서 존재하리라고 여겨지는 이론상의 입자를 가리키는 말. 빛보다 빠른 가상 입자인 타키온, 뉴트랄리노를 비롯한 초대칭 짝 등이 그것이다.

벤저민 프랭클린 Franklin, Benjamin, 1706~1790. 토머스 제퍼슨과 함께 미국 독립선언문을 기초한 사람으로, 미국 건국의 아버지 가운데 하나. 그가 발명한 난로가 아직도 생산되고 있다. 1752년 '연 실험'으로 번개가 전기를 방전함을 증명하고, 피뢰침을 발명했다.

리처드 플라톤을 읽었구나?

나선은하 플라톤 좋아한다. 이제 너는 우주에 대한 모든 것을 정말 알고 있는지 스스로 자문해 봐야 한다. 알 만한 건 다 알았으니, 물리학자들은 부질없이 쿼크를 찾는 건 포기하고 더 나은 전기 토스터나 디자인해야 할까? 아니면 이제 막 수박 겉핥기를 한 것에 지나지 않아서, 까마득히 펼쳐진 미지의 바다를 항해해야 할까?

리처드 네 의견을 듣고 싶다.

나선은하 내 생각은 이렇다. 인간의 위대하다는 모든 발견은 컴퓨터 발전 이전에 이루어졌다. 뉴턴의 초인적인 연구를 비롯해서, 전자기 법칙의 발견, 아인슈타인의 경이적인 성취, 통계역학은 말할 나위 없고 양자역학의 전체 공식에 이르기까지 말이다.

리처드 컴퓨터를 사용하지 말아야 한단 소린가?

나선은하 아니다. 사용하고, 개선해라. 하지만 숭배하지 마라. 생각을 해야 한다. 생각이야말로 전 우주에서 가장 경이롭고 주목할 만한 결과를 낳았고, 그런 걸 일찍이 많이 목격했다.

리처드 그런데 지금은 우리가 컴퓨터에 너무 많이 의존하고 있다는 뜻인가?

나선은하 단지 컴퓨터만의 문제가 아니다. 네가 아주 심오한 질문을 해서 지금 답을 하려고 노력하는 중인데, 네가 모든 것을, 또는 거의 모든 것을 안다고 말하면, 그건 더 이상의 질문은 포기한다는 뜻이다.

질문이 없으면 답도 없다.

리처드 알았다.

나선은하 그래? 잊지 마라, 중요한 건 이것이 많은가 저것이 많은가 하는 상대적 양의 문제가 아니다. 측정의 양이나 도구의 양이 중요한 것도 아니다. 가장 중요한 것은 사고의 질이다. 이해가 되나?

리처드 그래, 네가 이번 인터뷰에 응한 이유도 그 때문 아닌가?

나선은하 맞다.

리처드 아주 보람찬 경험이었다. 정말 고맙다.

나선은하 원, 천만에.

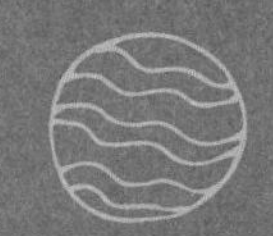

0.11 중성미자와의 인터뷰

리처드 만나서 반갑다. 간단한 자기소개로 인터뷰를 시작하자.

중성미자 그 전에 먼저 나를 이 자리에 불러 준 데 감사드린다. 이런 인터뷰가 진행 중이란 소문을 듣고 나를 꼭 좀 불러 주었으면 했다.

리처드 그렇게나 인터뷰를 하고 싶은 이유를 물어도 될까?

중성미자 물론이다. 자연은 오랫동안 나를 꽁꽁 숨겨 두었다. 나는 존재하지만 결코 보이지 않은 채, 영영 망각될 운명인가 싶었다. 카산드라•보다 더 비참한 운명 말이다. 하지만 위대한 어느 물리학자가 실험을 통해 내 존재를 추론할 수 있었다. 그리고 인간은 많은 시간과 돈을 들여 마침내 나를 발견했다. 내 존재를 추론한 지 20년 넘게 흐른 뒤에 말이다.

리처드 그 물리학자가 볼프강 파울리였지?

중성미자 그렇다. 그는 1930년대 초, 특히 중성자 붕괴•에 연구 초점을 맞추고 있었다.

리처드 중성자 붕괴?

중성미자 그렇다. 그건 방사선의 한 형태다. 그는 중성자 붕괴를 연

카산드라 트로이 공주 카산드라Kassandra는 아폴론에게 예지 능력을 준다면 사랑을 받아들이겠다고 하고 약속을 지키지 않았다. 분노한 아폴론은 아무도 그녀의 예언을 믿지 않게 하는 저주를 내렸다. 트로이의 멸망 예언도, 목마 예언도, 아가멤논과 자신의 죽음 예언도 모두 맞았지만, 아무도 믿지 않았다.

구하면서, 중성자가 양성자와 전자로 붕괴되는 것을 관측했다. 전에 우라늄 원자가 반감기에 대해 말했는데, 자유중성자는 반감기가 약 15분이다.

리처드 이야기가 삼천포로 빠진 것 같다.

중성미자 이 실험들에는 문제가 하나 있었다. 과학자들의 가장 근본적인 원리 가운데 하나인 에너지보존법칙이 들어맞지 않는 것처럼 보인 거다.

리처드 에너지보존법칙이란…….

중성미자 중성자로 이야기해 보겠다. 붕괴하기 전 중성자의 전체 에너지는 붕괴 후 생긴 모든 입자들의 전체 에너지와 동일해야 한다.

리처드 그야 물론이다.

중성미자 $E=mc^2$를 잊지 마라. 그러니까 에너지와 질량을 모두 계산에 넣어야 한다.

중성자 붕괴

볼프강 파울리 시절에는 중성자란 말이 없었다. 불안정한 원자핵붕괴(핵붕괴, 방사성붕괴, 방사성 감쇠)에 따라 방출되는 입자 또는 전자기파가 방사선인데, 1900년 안팎에 러더퍼드는 방사선에 세 종류가 있다는 것을 알아냈다. 알파선, 베타선, 감마선이 그것이다. 1908년 러더퍼드는 알파선이 헬륨 핵(두 개의 양성자와 두 개의 중성자)과 같음을 알아냈다(알파선이 에너지를 잃으면 전자를 포획해 헬륨이 된다). 1930년대 파울리가 연구한 중성자 붕괴가 바로 베타붕괴다. 이는 핵 속 중성자가 양성자로 변하면서 전자와 중성미자가 튀어나오는 현상이다. 파울리는 이 중성미자를 중성자neutron라고 명명했으나, 후일 작은 중성자라는 뜻의 중성미자로 이름이 바뀌었다.

리처드 삼천포로 빠진 김에 좀 쉬었다 가자. 네가 언급한 그 유명한 방정식, $E=mc^2$에 대해 설명 좀 해 줄 수 있겠나?

중성미자 물론이다. 에너지는 줄이란 단위로 측정된다. 예를 들어 인간이 쓰는 100와트 전구는 초당 100줄의 에너지를 소모한다. 1킬로그램을 1미터 들어 올리려면 약 9.8줄*의 에너지를 소모해야 한다.

리처드 그건 알고 있다.

중성미자 비교를 해 보면, 태양은 초당 약 4×10^{26}줄의 에너지를 방출하는데, 그건 100와트 전구보다 백만 배의 백만 배의 백만 배의 4백만 배 크다.

리처드 알겠다.

중성미자 그리고 빛의 속도는 초당 3×10^8미터다.

리처드 초속 30만 킬로미터. 무지 빠르다.

중성미자 인간의 기준에선 그럴 거다. 이제 방정식을 이용해 보자. 원폭 투하도 알고, 핵 반응로에서 물질이 에너지로 변환될 수 있다는 것도 잘 알고 있겠지.

무게와 질량 무게는 뉴턴N 단위를 쓰고 질량은 킬로그램kg 단위를 쓴다. 무게는 질량과 중력가속도의 곱이다. 지구 반지름이 일정하지 않기 때문에 지구 표면 위치마다 중력가속도가 다른데, 표준값은 9.80665다. 즉, 지구 표면에서 1킬로그램의 질량은 무게 단위로 약 9.8뉴턴이다. 1줄은 1뉴턴$1kg \cdot m/s^2$의 힘으로 물체를 1미터 이동하였을 때 한 일$1kg \cdot m^2/s^2$이다.

리처드 그렇다. 너무 잘 안다.

중성미자 그 변환식이 $E=mc^2$다. 에너지는 질량 곱하기 광속 곱하기 광속. 예를 들어 1킬로그램의 물질을 빛 에너지로 변환하면, 9×10^{16}줄의 에너지를 얻게 된다.

리처드 빛의 속도를 제곱한 건가?

중성미자 그렇다. 확인해 봐라.

리처드 맞는 것 같다.

중성미자 초당 100줄의 에너지를 방출하는 100와트 전구로 그만한 에너지를 방출하려면 3천만 년 동안 계속 켜 놓아야 한다. 확인해 봐라.

리처드 됐다. 물리학 수업을 받으려 하는데, 왜 자꾸 에너지 계산을 하고 있나.

중성미자 그게 문제였다. 중성자가 붕괴하고 생긴 양성자 더하기 전자의 에너지가 중성자의 원래 에너지보다 작았다. 물론 과학자들은 $E=mc^2$를 알고 있었기 때문에, 그건 정말 수수께끼였다.

리처드 그래서 어떻게 됐나?

중성미자 붕괴 과정에서 에너지가 사라지는 것처럼 보였기 때문에 몇몇 물리학자들은 에너지보존법칙이 깨지는 줄 알았다. 온갖 추측이 난무했지만 모두 사실이 아니었다. 이 붕괴와 관련된 전체 에너지의 양은 워낙에 적다.

리처드 얼마나 적기에?

중성미자 1줄의 1천억 분의 1쯤 된다.

리처드 꽤 적군.

중성미자 태풍 속 빗방울 하나는 아무것도 아니지만, 그게 모여 재앙을 불러온다.

리처드 에너지가 보존된다면, 사라진 것처럼 보인 에너지는 어떻게 되나?

중성미자 파울리가 답을 알아냈다. 사라진 에너지를 운반하는 다른 입자가 반드시 있으리라고 추론한 거다. 하지만 아무리 관찰해도 보이는 입자가 없었기 때문에 반론이 만만치 않았다.

리처드 그 점을 파울리는 어떻게 설명했나?

중성미자 내가 검출되지 않은 것은 근본적으로 아무런 방해를 받지 않고 검출기를 통과했기 때문이리라고 결론지었다. 그건 사실이다. 좀 더 전문적으로 말하면, 내가 물질과 약작용을 한다는 뜻이다.

리처드 약작용이란 낱말은 너와 다른 입자들 사이에 작용하는 힘이 약하다는 사실을 가리키는가, 아니면 약한 핵력을 뜻하는가?

중성미자 둘 다 맞다. 전에 인터뷰한 뉴트랄리노처럼 나 역시 약작용 입자다. 그건 그렇고 뉴트랄리노와의 인터뷰는 내 맘에 쏙 들었다. 특히 초대칭과 '사오바' 이야기가 좋았다. 정말 멋진 인터뷰였다.

리처드 고맙다. 너는 스스로 약작용 입자라고 말하는데, 뉴트랄리노는 약작용 질량 입자라고 말한다. 뉴트랄리노는 질량이 있고, 너는 없다는 뜻인가?

중성미자 파울리는 내가 질량이 없다고 생각했다.

리처드 어떻게 그럴 수가 있나. 그럼 질량은 없고 에너지만 있다고?

중성미자 입자는 에너지를 가질 수 있고 운동량도 가질 수 있는데, 질량은 없을 수도 있다. 다만 조건이 딱 하나 있는데, 입자에 질량이 없다면 빛의 속도로 움직여야 한다는 것이다. 광자는 질량이 없고, 다른 것들은 있다.

리처드 잠깐. $E=mc^2$는 어떻게 된 건가? 이 공식에 따라 질량이 0이라면 에너지도 0임이 증명되지 않았나.

중성미자 그것은 사실 일반 공식의 특수 사례다. 일반 공식, 곧 원래 식은 이렇다. p가 운동량일 때, $E^2=m^2c^4+p^2c^2$. 이 방정식에서는 질량이 0이라도 입자는 에너지와 운동량을 가질 수 있다. 둘 다 측정할 수 있고 말이다.

리처드 네 말을 믿겠다. 그러니까 너는 광자처럼 질량이 없는 입자다?

중성미자 그게, 그렇다고 말한 적 없다.

리처드 그럼 질량이 있단 소린가?

중성미자 그렇다고 말한 적도 없다.

리처드 죽도 밥도 아니면 누룽진가?

중성미자 실은 내가 속물[SNOB]이라는 데 동의한 뒤, 비로소 이 인터뷰를 할 수 있었다. 그래서 너무 많은 말은 할 수 없다.

리처드 속물?

중성미자 자연물 협회[Society for Natural OBjects]의 일원 말이다. 인간이 실제로 우리에게서 정보를 얻었다는 소문이 퍼지자, 우리 모두 어디까지 발설할 것인지 한계를 설정해야 한다는 데 합의했다. 뉴트랄리노도 그런 비슷한 말을 했다.

리처드 그래서 너한테 질량이 있는지 없는지 말 못하겠다?

중성미자 이건 말할 수 있다. 나한테 질량이 있다 해도 다른 입자보다 훨씬 작다고. 전자 질량의 몇백만 분의 1도 안될 거다. 나를 제외하고 가장 질량이 작은 입자가 전자다.

리처드 암튼 고맙다. 내가 알기론 중성미자가 매우 많다던데.

중성미자 그렇다. 모든 별들이 매일 이루 말할 수 없이 많은 우리를 만들어 낸다. 실제로 태양은 너무나 많은 중성미자를 만들어서, 매초 1조 개 이상이 네 몸을 관통하고 있다.

리처드 어째 불안하다.

중성미자 그게 다른 종류의 입자라면 불안해할 시간도 없을걸? 우리는 아무런 상호작용도 하지 않고 너를 통과한다.

리처드 네 말이 맞겠지만, 낮에만 그런 융단폭격을 당한다면 그나마 잠은 푹 잘 것 같다.

중성미자 미안하다. 밤이라고 해서 다르지 않다.

리처드 하지만 태양에서 방출된다고 하지 않았나.

중성미자 그렇다. 밤에는 지구를 관통한다. 소행성이 우주 공간을 가르고 나아가듯이 그렇게 당차게.

리처드 모든 것을 그렇게 쉽게 관통한다면 무엇으로 너를 측정하나?

중성미자 청소 세제로.

리처드 청소 세제라니. 이젠 무슨 말을 들어도 놀라지 않을 때가 됐건만. 네가 금이나 납, 아니면 적어도 물 따위를 말할 줄 알았다.

중성미자 아, 그래, 물도 쓴다. 갈륨이나, 심지어 액체수소도 쓴다.

리처드 액체수소라면 한결 나아 보인다. 그런데 청소 세제라니 황당하다.

중성미자 어떻게 된 일인지 설명해 주겠다. 중성미자는 중성자가 양성자와 전자로 붕괴할 때 만들어진다는 사실을 잊지 않았겠지? 그러니까 자연계에서 우린 엎치나 메치나 매한가지라는 진실을 종종 발견한다.

리처드 그게 무슨 소린가?

중성미자 중성미자가 중성자를 쳐서 양성자와 전자를 만들어 낼 수도 있단 뜻이다. 동일한 물리학에 동일한 상호작용이다. 칠판 좀 써도 될까?

리처드 꼭 그래야겠다면야.

중성미자 지난번에 내가 전문적 운운하니까 네 눈이 게슴츠레해지면서 시계를 봤다.

리처드 그럴 리가. 암튼 칠판을 써라.

중성미자 고맙다. n은 중성자, p는 양성자, e는 전자, $\bar{\nu}$*는 중성미자라고 하자. 알겠나?

리처드 아직까지는.

중성미자 그럼 중성자 붕괴는 이렇게 나타낼 수 있다. $n \rightarrow p + e + \bar{\nu}$.

리처드 그건 알겠는데, 방출된 에너지는 어떻게 됐나?

중성미자 좋은 질문이다. 나는 관련된 입자만 기록했을 뿐이다. 다시 전문적으로 말하면, 베타붕괴를 할 때의 중성미자는 사실 반중성미자antineutrino다. 하지만 지금은 그걸 접어 두자.

리처드 알겠다.

ν는 그리스어로 '뉴'라고 읽는다. $\bar{\nu}$는 뉴 바. 뉴 위에 바bar가 붙은 것은 이것이 중성미자가 아니라 반중성미자이기 때문이다.

중성미자 암튼 우린 그런 반응을 베타붕괴라고 부른다. 자연에 일방통행로는 거의 없다. 좋은 예가 바로 역베타붕괴inverse beta decay다. 중성미자가 중성자를 때려서 양성자와 전자가 만들어지는 반응이 바로 그것이다. 다시 칠판 좀 쓰자. 반응식은 이렇게 된다. $\bar{\nu}+n \rightarrow p+e$.

리처드 이해가 된다. 하지만 청소 세제는 뭔지 아직도 궁금하다.

중성미자 그럴 줄 알았다. 문제는, 내가 방금 칠판에 쓴 반응은 일어날 가능성이 거의 없다는 거다. 바꿔 말하면, 그런 반응은 너무나 많은 중성미자가 수많은 중성자를 관통할 때 겨우 한 번 일어날까 말까 하다.

리처드 그러니까 너는 수많은 중성자를 필요로 하는구나.

중성미자 그렇다. 그런데 염소 원자 속에서는 그런 반응이 일어날 가능성이 조금 더 높다. 중성미자가 염소 원자핵과 충돌해서 중성자를 때리면, 그것이 양성자로 변하고 전자가 방출된다. 염소 원자는 양성자가 17개였다가 하나가 늘어서 18개가 된다.

리처드 그럼 그건 더 이상 염소 원자가 아니잖나.

중성미자 그렇다. 그건 아르곤argon이 된다. 가스 말이다.

리처드 그러고 보니 청소 세제에 염소가 들었구나!

중성미자 그렇다. 정확히는 4염화에틸렌이다. 레이먼드 데이비스Davis, Raymond Jr.와 그의 연구원들이 미국 사우스다코타 주 홈스테이크 어느 광산 깊숙한 곳에 그걸 10만 갤런(38만 리터)이나 갖다 놓았다.

리처드 왜 광산 깊은 곳에?

중성미자 다른 우주선이 아니라 중성미자만 4염화에틸렌 속에 들어가도록 하기 위해서. 알다시피 우주선宇宙線부터 태양풍에 이르기까지 많은 입자가 반응을 일으킬 수 있다. 그래서 다른 입자는 통과하지 못하는 땅속 깊은 곳에서 실험한 거다. 물론 중성미자는 그걸 쉽게 통과한다.

리처드 그래서 실제로 아르곤을 검출했나?

중성미자 그렇다.

리처드 얼마나?

중성미자 매달 원자 대여섯 개.

리처드 한 달에 원자 대여섯 개! 터무니없이 적다.

중성미자 그들은 20년 이상 그 일에 전념했다. 그래서 우리의 꾸준한 흐름을 발견했다. 흐름이 콸콸거리진 않았어도 꼴꼴거리긴 했다.

리처드 그럼 실험은 성공했군.

중성미자 성공이자 실패였다.

리처드 뭐 하나 호락호락한 게 없군. 아르곤 검출이 성공이라면, 실

패는 뭐지?

중성미자 인간이 직면한 최대 수수께끼 가운데 하나지.

리처드 잠깐. 얼마 전에 은하가 평평한 회전 곡선, 그러니까 암흑 물질의 특성이 최대 수수께끼 가운데 하나라고 말했는데.

중성미자 수수께끼는 많다.

리처드 그렇지만, 어째 점점 늘어나는 것 같다. 중성미자의 수수께끼는 뭔가? 질량이 있다는 것 말고.

중성미자 문제는, 데이비스 팀이 중성미자를 하루 평균 하나도 제대로 검출하지 못했다는 거다. 이론적으로는 10만 갤런의 세제에서 하루 두 개 정도는 발견했어야 했다. 이것을 태양 중성미자 (행방불명) 문제라고 한다. 속깨나 썩이는 문제지.

리처드 다른 물질로 만든 다른 중성미자 검출기가 있다는 것도 그 문제 때문인가?

중성미자 그렇다. 데이비스가 찾던 중성미자는 고에너지의 태양 중성미자였다. 태양 핵 안에서는 수많은 핵반응이 일어난다. 수소가 융합해 헬륨이 되면서 우리가 관측할 수 있는 엄청난 에너지를 방출하고 있다. 하지만 그 밖에 다른 반응도 일어난다. 아주 뜨거운 중심부에서 작은 보너스로 붕소 원자가 만들어진다. 하지만 이 붕소(양성자 다섯 개, 중성자 세 개)는 중성자가 너무 적어 스스로 붕괴해서 베릴륨(양성자 네 개, 중성자 세 개)이 된다. 이 과정에서 중성미자가 만들어지는데, 청소 세제에서 포획된 게 바로 이놈이었다.

리처드 그런데 그것보다 에너지가 적은 중성미자도 있다고?

중성미자 그렇다. 수소가 융합해서 헬륨이 만들어질 때도 우리가 태어난다. 이때의 중성미자는 에너지가 더 적어서 다른 물질에 쉽게 포획된다. 예를 들어 로마에서의 갈륨 실험GALLium EXperiment, 곧 갈렉스가 바로 이 중성미자를 포획하기 위한 실험이었는데, 중성미자 때문에 갈륨이 게르마늄으로 바뀌는 것을 관찰했다. 염소가 아르곤이 되듯이. 예전 염소 실험과의 주된 차이는, 게르마늄이 저에너지 중성미자에 민감하다는 거다. 이런 멋진 실험들이 많이는 아니어도 세계 곳곳에서 진행되고 있다.

리처드 그래서 정확한 양의 중성미자를 검출했나?

중성미자 예측한 양의 반, 또는 그 이하가 검출되었다.

리처드 그러니까 모든 실험이 다 이론적으로 예측한 중성미자 양의 반 이하밖에 검출하지 못했다?

중성미자 정말 속 썩이는 문제지.

리처드 어째 수수께끼가 갈수록 늘어나고 있다. 이 문제의 해답을 네가 가르쳐 줄 것도 아니잖아?

중성미자 최대 수수께끼 가운데 하나를 해결해 달라고? 과학자들의 생각 몇 가지는 말해 줄 수 있다.

리처드 그거라도 부탁한다.

중성미자 하나는, 태양 중심부에서 정확히 무슨 일이 일어나는지에 관한 이론이 틀렸을 수 있다는 것이다. 특히 중성미자의 경우에는 현재 이론으로 예측하는 것의 반 정도만 실제로 생산된다고 추론하기도 한다.

리처드 어째 그 생각에는 시큰둥해 보인다?

중성미자 나는 어느 편도 들지 않고, 그럴 생각도 없다. 하지만 태양 표준 모형*이 틀렸다고 생각하는 과학자는 많지 않다.

리처드 그럼 무엇이 틀렸다는 건가?

중성미자 먼저 알아둬야 할 것은, 우리가 이야기해 온 모든 복잡한 상호작용에서, 모든 것이 사실상 네 개의 입자로 이루어졌다는 사실이다. 중성자, 양성자, 전자 그리고 중성미자. 중성자와 양성자는 두 종류의 쿼크로 이루어졌다. 위 쿼크up quark와 아래 쿼크down quark가 그것이다. 그러니 모든 것이 위 쿼크와 아래 쿼크, 전자, 중성미자로 이루어진 셈이다.

태양 표준 모형 standard solar model. 태양 내부에서 일어나는 모든 과정을 수학적으로 다루고 설명하는 이론. 태양에너지의 복잡한 발생 원인을 잘 설명하는 이론이다. 중성미자는 다른 물질과 상호작용을 거의 하지 않기 때문에 태양 내부에서 생성된 뒤 바로 방출되어 지구에 도달한다. 이 중성미자를 지구에서 관측할 수 있다면 태양 내부에서 어떤 일이 일어나고 있는지 실시간으로 알 수 있게 된다. 1960년대부터 이런 연구가 활발해졌는데, 이를 중성미자 천문학neutrino astronomy이라고 한다.

리처드 앞서 페르미온과 보손이 이야기한 교환 입자는 고려하지 않은 거지?

중성미자 맞다.

리처드 그러니까 내가 보는 모든 사물, 저 소파도, 별도 모두 네 개의 입자로 이루어졌다?

중성미자 그렇다.

리처드 그럼 교환 입자는 접어 두고, 모든 우주가 오로지 그 쿼크와 전자와 중성미자로 이루어졌다고?

중성미자 뭐, 자연이 그렇게 단순할 수만은 없겠지.

리처드 내 생각도 그렇다.

중성미자 기본 입자들에게 가족이 있다고 생각하면 된다. 우리가 이야기해 온 네 가지 입자는 전체 우주를 근본적으로 구성하는 기본 입자인데, 그걸 1세대라고 하자.

리처드 그럼 2세대, 3세대도 있겠네?

중성미자 그렇다. 맵시 쿼크, 기묘 쿼크, 무거운 전자라고 할 수 있는 뮤온 그리고 또 다른 중성미자, 이들이 2세대다. 중성미자를 세분해서 말하면, 이제까지 우리가 이야기해 온 중성미자는 정확히 전자 중성미자electron neutrino라고 한다. 방금 언급한 다른 중성미자는 뮤온 중성미자라고 한다.

리처드　몇 세대나 있나?

중성미자　3세대까지 있다.* 밑바닥 쿼크와 꼭대기 쿼크, 훨씬 더 무거운 전자라고 할 수 있는 타우입자, 그리고 타우 중성미자가 3세대다. 더 이상은 없다.

리처드　다른 입자들은 왜 우리에게 보이지 않나?

중성미자　너무나 빨리 붕괴하기 때문이다. 예를 들어 뮤온은 평균수명이 2.2마이크로초인데, 붕괴해서 전자와 두 개의 유령 같은 중성미자가 된다. 뮤온 중성미자와 전자 중성미자가 다름을 이해하는 것이 중요하다. 작명을 좀 더 잘했으면 좋았을걸. 암튼 뮤온 중성미자와 타우 중성미자는 전자 중성미자와 같은 상호작용을 하지 않는다.

리처드　네 말을 믿겠다. 그런데 태양 중성미자 문제와 그게 무슨 상관인가?

중성미자　상관이 있다. 유력한 이론 가운데 하나로, 전자 중성미자가 태양 핵에서 방출되어 여행하는 동안, 제어할 수 없는 힘에 이끌려 뮤온이나 타우 중성미자로 바뀐다는 이론이 있다. 그래서 지상에 이르면 검출되지 않고 그냥 멀쩡히 검출기를 통과해 버린다. 지상에서 전자 중성미자를 뮤온이나 타우 중성미자로 바꾸어 관측하려는 시도를 해 봤지만, 아직까지는 운이 없었다.

세대 차이　2세대는 1세대보다 더 높은 에너지 상태에서, 3세대는 2세대보다 더 높은 에너지 상태에서 존재한다. 높은 에너지 상태는 유지하기 어려워 빨리 붕괴하기 때문에 2세대, 특히 3세대는 발견하거나 관측하기 어렵다.

리처드 그건 들어 본 적 있는 듯하다. 그런 변신을 중성미자 진동이라고 부르지 않나?

중성미자 맞다. 그 이론에 따르면 중성미자가 한 세대에서 다른 세대로 변한다, 곧 진동을 한다. 그런데 미처 못 한 말이 있다.

리처드 뭔가?

중성미자 그 이론에 따르면, 중성미자 진동은 질량이 있을 때만 일어날 수 있다.

리처드 아, 그럼 너는 질량이 있겠네.

중성미자 그런 말 하지 않았다는 거 잊지 마라. 중성미자 진동은 하나의 이론일 뿐이다.

리처드 그러고 보니 생각나는 게 있다.

중성미자 뭔가.

리처드 중성미자 진동이 없다면 너한테 질량이 없다고 할 수 있다는 것 아닌가?

중성미자 그렇다.

리처드 다른 한편으로는, 질량이 있을 수밖에 없는, 논란의 여지가 없는 증거가 있다는 거 아닌가?

중성미자 그렇다.

리처드 그럼 그 문제를 해결할 수도 있을 것 같다. 너한테 질량이 있다면 다른 세대로 변할 수 있으니, 태양 중성미자 문제가 해결되고 행방불명된 질량도 계산할 수 있지 않나.

중성미자 그럴 수 있지만, 여러 실험을 통해 내 질량의 상한선이 이미 정해졌다. 그런데 이론에 따르면, 그 정도 질량으로는 충분치가 않다. 이 사실이 문제 해결에 도움이 되었으면 좋겠다.

리처드 더 말해 줄 생각은 없고?

중성미자 미안하다.

리처드 이해한다. 배울 게 많은 인터뷰였다. 고맙다.

중성미자 덕분에 즐거웠다.

0.12 수소 원자와의 인터뷰

리처드 만나서 반갑다. 오늘 이렇게 등장해 줘서 고맙다.

수소 원자 고맙긴.

리처드 너는 우주에서 가장 특별한 원자인 것 같다. 가장 풍부할 뿐만 아니라, 양성자 하나와 전자 하나, 이렇게 가장 단순하게 이루어졌으니까.

수소 원자 밀접한 관련이 있다. 가장 풍부하다는 것과 가장 단순하다는 것 말이다.

리처드 자세히 설명해 줄 수 있나?

수소 원자 물질이 형태를 갖추기 시작한 초기 우주 시절에는 양성자와 전자 이상의 뭐가 거의 없었다. 그러니 자연스레 둘이 만났다. 벌과 꽃처럼.

리처드 초기 우주라는 게 언제인가?

수소 원자 시간이 시작된 후 몇천 년 지나서다.

리처드 시간이 언제 시작됐는데?

수소 원자 우주가 문득 존재하게 되었을 때가 그때다.

리처드 알겠다. 너는 또 가장 가벼운 원소이기도 하다.

수소 원자 그렇다. 그래서 인간들은 잽싸게 나를 이용했다.

리처드 그게 무슨 뜻인가?

수소 원자 내가 역사 빠끔이는 아니지만, 1783년에 라부아지에Lavoisier, Antoine Laurent가 '공기를 태워' 물을 만드는 방법을 선보였다. 물론 그건 간단히 산소와 수소를 합성한 것이었다.

리처드 그게 뭐가 대수라고?

수소 원자 당시엔 나에 대해 아무도 몰랐기 때문에, 그건 대단한 사건이었다. 그래서 내 이름이 지어지고, 화학이 탄생하고, 그 후 두 달도 되지 않아 세계 최초로 수소를 채운 기구가 샹 드 마르Champ de Mars 공원에서 하늘로 떠올랐다.

리처드 멋진 이야기다.

수소 원자 그렇다. 순수 과학이 두 달 만에 실생활에 응용되다니, 오늘날의 테크놀로지를 뛰어넘는 멋진 일이다.

리처드 그래, 참 아이러니하다. 그러고 보니 너에 대한 인용구 하나가 떠오른다. 누가 한 소린지는 모르겠지만.

수소 원자 나에 대한?

리처드 그렇다. "수소를 알면 물리학을 다 아는 것이다!"

수소 원자 물리학자가 한 말이 분명하다.

리처드　그렇겠지? 그런데 누가?

수소 원자　말할 수 없다. 하지만 맘에 든다.

리처드　너라면 그럴 줄 알았다. 그 말을 설명해 줄 수 있나?

수소 원자　뭐, 어느 정도는. 그 인용구는 좀 과장이긴 한데, 단일한 존재 가운데 대자연의 비밀을 나보다 더 잘 드러내는 존재는 없다고 본다.

리처드　어째서?

수소 원자　여러 면에서 그렇다. 예를 들어, 여느 물체처럼 수소를 가열하면 빛을 발한다. 복사 현상 말이다.

리처드　맞다.

수소 원자　과학자들은 19세기에 내게서 방출된 에너지가 연속적이지 않다는 걸 알아냈다.

리처드　그게 무슨 뜻인가?

수소 원자　가정의 100와트 전구는 연속적인 스펙트럼을 방출한다. 프리즘을 통해 보면, 빨강 다음에 주황, 노랑, 초록, 파랑, 보라가 보인다. 그런 빛의 띠를 아주 자세히 살펴보면, 빛의 색깔이 끊어지지 않는다는 걸 알 수 있다. 그러니까 빨강과 주황 사이에 검은 영역이나 어떤 단절 없이 점진적으로 색이 변한다. 연속적이라는 건 이런 뜻이다.

리처드 네가 방출하는 빛은 연속적이지 않다고?

수소 원자 사실 뚝뚝 떨어져 있다. 서로 가깝지도 않다. 자세히 보면 네 가지 색깔만 보인다. 내게는 아름다운 빨강과 장엄한 황록, 살짝 다른 두 가지 보라, 이 네 가지 색깔이 전부다. 이것은 아주 경이로운 모습이다. 인간의 눈에 보이는 실제 색을 스펙트럼선이라고 한다. 모든 원소는 저마다 고유의 스펙트럼선을 지니고 있다.* 물리 과목이나 천문학 수업에서 좋은 점은 학생들에게 이런 놀라운 빛의 쇼를 보여준다는 것이다.

리처드 뭘 그 정도로. 스펙트럼선을 보려면 프리즘을 써야겠지?

수소 원자 그렇다. 회절격자를 써도 된다. 같은 간격으로 촘촘히 많은 홈slit을 새긴 살창인데, 결과는 프리즘과 동일하다. 일정한 색 또는 파장만 관찰되기 때문에, 불연속 스펙트럼이라고 한다.

리처드 불연속 스펙트럼은 어떻게 발생하나?

수소 원자 바로 그 답이 물리학을 혁신하고, 철학자를 고양하고, 모든 전자 제품이 만들어질 수 있는 과학적 토대가 되었다.

리처드 막강한 답인가 보다.

수소 원자 그뿐만이 아니다.

스펙트럼선 spectral line. 분광선이라고도 한다. 독일 물리학자 키르히호프는 1859년 원소를 백열 상태로 달구었을 때 방출되는 빛의 분광선이 원소에 따라 일정함을 발견했다. 당연히 그 파장도 원소에 따라 일정하다. 프리즘이나 빗방울을 통과할 때, 파장이 짧은 빛이 긴 빛보다 크게 굴절해서 여러 색깔의 빛이 분리되어 색 띠를 나타내게 된다.

리처드 구체적으로 말해 달라.

수소 원자 당시, 그러니까 20세기 초에 과학자들은 나를 비롯한 원자들의 모형을 그렸다. 바깥에 전자가 건포도처럼 박힌 작은 푸딩 같은 걸로 말이다. 그런데 1913년 러더퍼드는 중앙에 양성자가 있고 멀리 전자들이 떨어져 있는 원자의 공간 대부분이 텅텅 비어 있음을 알아냈다.

리처드 태양계의 축소 모형처럼?

수소 원자 어느 면에선 그렇다. 하지만 그것은 종말의 시작이었다.

리처드 무엇의 종말이란 말인가?

수소 원자 짐작했겠지만, 기존 물리학의 종말이었다.

리처드 뭐가 잘못되었기에?

수소 원자 양성자는 양전하를 띠고, 전자는 음전하를 띠고 있다는 사실을 알고 있을 거다. 양과 음의 전하는 서로 끌어당긴다, 그렇지?

리처드 그렇다.

수소 원자 그렇다면 당시 물리학의 최고 이론이 원자의 붕괴를 예견한 셈이다. 삽시간에, 그러니까 1초의 백만 분의 1의 1천 분의 1도 안 되어 원자는 붕괴해야 마땅했다. 하지만 수십억 년이 지나도 원자는 말짱했으니, 그 이론은 발붙일 데를 잃을 셈이다.

리처드 그건 그러네. 그렇다면 새 이론이 나왔겠군.

수소 원자 그렇다. 하지만 그건 일개 이론이 아니라 전적으로 새롭게 자연을 기술하는 방식이었다. 그것으로 인해 소중히 여겨 왔던 옛 개념들 다수가 산산조각이 났고, 우주는 더 이상 소중한 정보를 주지 않게 되었다.

리처드 그런 이론을 양자역학이라고 하나?

수소 원자 그렇다.

리처드 잠깐 1분 전으로 돌아가서 뭐 좀 물어봐도 될까?

수소 원자 물론이다.

리처드 고전 이론의 원자 상황이란, 지구와 태양의 상황과 같지 않을까? 둘이 서로 끌어당기지만 지구는 오랫동안 말짱히 궤도를 돌고 있다. 전자도 그렇게 양성자 둘레를 돌 수 있을 텐데, 그게 안 된다는 이유가 뭐지?

수소 원자 전자는 전하로 인해 에너지를 방출하기 때문이다. 에너지를 보존하기 위해서는 양성자와 점점 더 가까워져야만 한다.* 그래서 아까 말한 대로 삽시간에 양성자와 붙어 버릴 수밖에 없는 거다. 이와 달리 지구는 어떤 에너지도 방출하지 않는다. 방출한다 해도 의미 있는 양이 아니라서, 궤도가 안정적으로 유지될 수 있다. 또 잊지 말아

에너지 보존 양성자와 가까워지면 인력에 의한 위치에너지가 증가해서 에너지가 보존된다.

야 할 것은, 내 안의 전자 가속도를 계산해 보면, 태양을 향한 지구 가속도*의 1조의 10조 배가 넘는다는 점이다.

리처드 그건 모르겠지만, 아무튼 양자역학으로 그 문제들이 해결되었나?

수소 원자 그렇다. 하지만 아주 비싼 대가를 치러야 했다.

리처드 대가가 무엇이었나?

수소 원자 양자역학 이전에는 결정론적 세계관이 지배했다. 위치와 속도를 동시에 알면 장차 어디에 있을지 정확히 예측할 수 있었다. 달리 말하면, 저 사과를 방에서 던지면 그게 어디 떨어질지 예측할 수 있다는 뜻이다.

리처드 그걸 예측하는 게 고전 역학 법칙 아닌가?

수소 원자 그렇다. 사람들은 또한 많은 것이 연속적이라고 생각한다. 예를 들어 전자의 에너지나 속도나 운동량을 알고자 한다고 치자. 구체적으로 그게 속도라고 치자. 사람들은 어쨌든 전자는 어떤 속도를 지녔다고 생각한다.

리처드 당연하다.

지구의 (공전) 가속도

지구의 궤도 속도는 평균 초속 30킬로미터 정도로, 달까지 약 4시간 만에 주파할 수 있는 속도다. 참고로, 공전운동은 등속운동이 아니라 가속운동이다. F=ma, 힘과 가속도는 비례한다. 원운동은 운동 방향이 계속 변하므로 힘이 가해진 운동, 곧 가속운동이다.

수소 원자 그래서 사람들에게는 깊이 뿌리박힌 두 가지 기본 개념이 있는데, 자연은 결정론적이고 에너지는 연속적이라는 게 그거다.

리처드 당연한 것 아닌가?

수소 원자 양자역학은 둘 다 부정한다.

리처드 아하.

수소 원자 당시 많은 물리학자들에게는 고통스러운 진실이었다.

리처드 수소 원자 속의 전자 위치를 말할 수 없다는 이야긴가?

수소 원자 그렇다. 어느 위치에 있을 확률을 말할 수 있을 뿐이다.

리처드 어쩌면 미래에, 장비가 더 개선되면 정확도를 높일 수 있지 않을까?

수소 원자 아니다. 그건 장비나 계산의 문제가 아니다. 얼마나 많은 정보가 있느냐에 대한 근본적인 한계 때문이다.

리처드 속물, 그러니까 자연물 협회의 합의 때문에…….

수소 원자 그게 아니다. 이건 그보다 더 심오한 이야기다. 그런 정보는 존재하지 않는다고 생각하는 게 최선이다.

리처드 그래서 우리는, 또는 너도, 전자가 정확히 어느 위치에 있는지 말할 수 없고, 어디에 있을 확률만 말할 수 있다?

수소 원자 그렇다. 자연이 결정론적이 아니고 확률적이라고 말하는 이유가 바로 그것이다. 그런데 다른 것, 예컨대 운동량 같은 것의 측정도 마찬가지다. 정확한 운동량을 결정할 수 없고, 다만 그 운동량이 어느 범위에 있을 확률만 결정할 수 있다.

리처드 모든 물리학자가 그것에 동의하진 않겠지?

수소 원자 이제는 모두가 동의하지만, 과거에는 예컨대 아인슈타인이 맹렬히 반대하기도 했다. 아인슈타인은 자연이 확률적인 게 아니라는 사실을 증명하려고 애를 썼지만 실패했다. 그는 화가 나서 이런 유명한 말을 남기기도 했다. "신은 주사위놀이를 하지 않는다"고.

리처드 그 말은 나도 들어 봤다. 양자역학에 따르면 에너지가 연속적이지 않다고 아까 말했는데.

수소 원자 에너지와 운동량 등 아주 많은 것이 연속적이지 않다.

리처드 설명해 달라.

수소 원자 극장에 가 본 적 있겠지?

리처드 물론이다.

수소 원자 좌석의 열에 A, B, C, 이런 이름이 붙어 있고, A열이 무대에 가장 가깝고, 다음은 B열, 다음은 C열, 이렇다고 하자.

리처드 그래.

수소 원자 각 좌석은 양자역학적 상태와 같다. 보손이 설명한 대로 말이다.

리처드 잠깐. 아, 그래, 그가 이렇게 말했지. "자연법칙에 따라, 우리는 다만 일정하게 허용된 에너지, 일정하게 허용된 운동량 등을 갖도록 되어 있다. 허용된 양을 명시하면, 그게 바로 우리의 양자역학적 상태다. 줄여서 그냥 상태라고도 한다".

수소 원자 그래, 그가 말한 자연법칙은 양자역학을 의미한다. 이제 비유로 말해도 될까?

리처드 얼마든지.

수소 원자 좋아. 아까 말했듯이, 극장의 각 좌석이 양자역학적 상태라고 상상해 보라. 너는 내 전자라고 하자. 내 전자가 어떤 상태에 있다는 건 어떤 좌석에 앉아 있다는 것과 같다.

리처드 알아들었다.

수소 원자 같은 열 좌석들은 모두 동일한 에너지를 가졌지만, B열은 A열보다 에너지가 더 높고, C열은 B열보다 더 높다.

리처드 알겠다.

수소 원자 이제 너는 어느 좌석에든 앉아도 되지만, 한 번에 한 자리에만 앉을 수 있다.

리처드 당연하지.

수소 원자 내 경우도 마찬가지다. 내 전자는 일정한 에너지를 지닌 A열에 앉을 수 있고, 그보다 에너지가 높은 B열에 앉을 수도 있고, C열에 앉을 수도 있지만, 그 사이에 앉을 수는 없다.

리처드 열을 바꿀 수는 있고?

수소 원자 그렇다. 무대에 가까우면 그만큼 더 에너지를 방출한다. 무대에서 멀어지면 그만큼 더 에너지를 흡수해야 한다.

리처드 우리가 측정하는 게 그 에너지인가?

수소 원자 바로 그렇다. 내 색깔에 대해 앞서 말한 대로, C에서 B로 가면 빨간빛을 발하고, D에서 B로 가면 파란빛을 발한다. 그런 식으로 계속 더할 수 있는데, E에서 B로 가면 보랏빛, F에서 B로 가면 더 짙은 보랏빛을 발한다. 그렇게 방출하는 에너지가 연속적이지 않고 띄엄띄엄한 특정 값을 갖게 되는 것을 양자화되어 있다고 한다.

리처드 그렇게 관찰되는 불연속 스펙트럼을 양자역학으로 설명할 수 있는데, 그런 불연속성은 에너지가 양자화되어 있기 때문이란 말이지?

수소 원자 잘 요약했다.

리처드 하지만 이치에 안 맞는 것 같다.

수소 원자 왜?

리처드 내가 구두 상자에 구슬을 넣어 굴린다고 하자. 구슬은 움직이니까 에너지를 갖고 있다. 그렇지?

수소 원자 그렇다. 그걸 운동에너지라고 한다.

리처드 그래. 나는 구슬을 빠르게나 느리게, 내가 원하는 속도로 굴릴 수 있으니까 운동에너지도 내가 원하는 값을 갖게 된다. 그건 전혀 양자화된 게 아니잖나.

수소 원자 유감스럽지만 구슬은 원하는 속도로 구르지 않는다. 허용된 에너지처럼 허용된 속도 역시 양자화되어 있다. 구슬은 입자에 비해 너무나 크기 때문에 에너지 준위들levels, 곧 상태들states이 띄엄띄엄하지 않고 매우 근접해 있다. 극장 좌석으로 치면 열 사이 거리가 밀리미터의 몇 분의 1도 안될 정도로 밀착해 있는 셈이어서, 속도가 연속적으로 보이게 된다.

리처드 그러니까 원자 규모에서의 자연은 대규모의 자연을 관찰할 때와 전혀 다르다?

수소 원자 전적으로 다르다.

리처드 하지만 물리법칙은 대규모로 수행된 실험을 토대로 하잖나?

수소 원자 양자역학이 발명되어야 했던 이유가 바로 그것이다. 그 이전에 발전시킨 물리법칙들이 원자 규모에서는 적용되지 않는다. 심지어 비슷하지도 않다.

리처드 아주 흥미로운 이야기지만, 어느 면에서는 우울하다.
수소 원자 우울하다고?

리처드 너는 내 근본적인 신념을 박살 냈다. 결정론과 연속성 등에 대한 신념이 폐기 처분되었다.
수소 원자 유감이다.

리처드 암튼 알겠다. 그런데 전자가, 또는 내가, G열에서 B열로, 또는 B열에서 A열로 이동할 수도 있을 텐데, 너는 그 이야길 하지 않았다. 그것 역시 에너지를 방출하지 않나?
수소 원자 그렇다.

리처드 그런데 너는 우리가 네 가지 색깔만 볼 수 있다고 말했다. G에서 B로, B에서 A로 전이해도 에너지를 방출한다면 그건 왜 안 보이나?
수소 원자 그냥 눈에 보이지 않을 뿐이다. 보이는 스펙트럼 안에 없다는 뜻이다. 안 보이는 것은 적외선 아니면 자외선인데, 그것 역시 측정하는 방법이 있으니 걱정 마라.

리처드 암튼 양자역학에 따르면 내가 알 수 없는 게 너무 많다. 거기엔 본질적으로 불확정성이 내재되어 있는 것 같다.
수소 원자 그렇다.

리처드 내가 확신할 수 있는 유일한 사실은 사물이 양자역학적 상태에 있다는 것뿐이다.

수소 원자 그것만 해도 또 다른 문을 열고 있는 거다.

리처드 얼른 그 문으로 들어가고 싶다.

수소 원자 네가 극장에 있는 유일한 사람이고, 매 순간 어느 배우가 커튼 뒤에서 네가 앉아 있는 곳을 훔쳐본다고 치자.

리처드 그래.

수소 원자 우리 규칙에 따라 너는 항상 어딘가 한 자리에 앉아 있다. 언제든 좌석을 바꿔 앉을 수 있지만, 배우는 네가 어딘가 앉아 있는 것을 볼 뿐이다.

리처드 통로로 이동하는 건 못 보고?

수소 원자 결코 못 본다. 양자 상태란 바로 그런 뜻이다. 허용된 어떤 준위를 볼 뿐, 그 사이는 결코 보지 못한다.

리처드 알겠다.

수소 원자 이제 눈이 휘둥그레질 때가 됐다.

리처드 응?

수소 원자 너는 한 번에 한 자리에만 앉아 있을 수 있다. 예를 들어 A열에 50%, B열에 25%, C열에 25%, 이렇게 너를 분산할 수 없다.

리처드　내가 그럴 리가 있나.

수소 원자　하지만 네가 계속 내 전자 역을 맡고 싶다면, 너는 그래야만 한다!

리처드　헷갈린다. 배우가 나를 훔쳐볼 때, 나는 어느 한 자리에 앉아 있다고 하지 않았나.

수소 원자　그랬지. 네가 나를 측정하면, 너는 내가 어느 한 상태에 있음을 알게 될 거다.

리처드　그런데 내가 왜 '여러 사람 증후군'을 앓아야 하나?

수소 원자　나에 대한 모든 측정치를 설명하려면, 내가 여러 상태에 동시에 존재한다고 가정해야만 한다.

리처드　무슨 말도 안 되는 소릴.

수소 원자　천만에, 구체적으로 내가 A상태에 존재할 확률은 50%, B상태는 25%, D상태는 25%라는 식으로 가정해야 한다. 다른 어떤 조합이든 합해서 100%가 되게끔 말이다.

리처드　하지만 너를 측정하면 어느 한 상태에 있다고 하지 않았나.

수소 원자　그랬지.

리처드　아까는 또 그게 아니랬잖아! 아, 소리 질러 미안하다.

수소 원자　괜찮다. 암튼 네가 나를 측정하는 순간, 너는 나를 한 상태에 욱여넣게 된다. 과학자들은 그런 결과에 대해 '파동함수의 붕괴'* 라는 표어까지 내걸었다.

리처드 그러니까 측정한다는 건 수동적이 아니라 아주 강압적인 행위구나.

수소 원자 극히 강압적이지.

리처드 하지만 배우는 내가 좌석들 사이에 있는 순간 나를 포착할 수도 있지 않나.

수소 원자 극장 비유를 하자면 그렇지만, 자연계에서는 그 무엇도 좌석들 사이에 있는 것을 포착할 수 없다.

리처드 "수소를 알면 물리학을 다 아는 것이다!"란 말이 이해되기 시작한다. 물론 그런 개념은 모든 원자에 적용되겠지?

수소 원자 핵에도 적용된다.

리처드 다른 질문을 해도 될까?

수소 원자 물론이다.

파동함수의 붕괴 양자역학에서 입자의 상태는 위치나 속도로 나타낼 수 없고 파동함수wave function(공간·시간의 함수)로 나타낸다. 파동함수는 양자역학적 상태에 대한 정보를 담고 있는 복소함수다. 이 함수는 입자가 존재할 확률밀도를 나타낸다. 그런데 측정을 하는 순간 수많은 가능성 가운데 하나의 상태로 명시되기 때문에 함수가 붕괴한다는 표현을 쓴다.

리처드 왜 자연은 원자 규모 세계와 대규모 세계가 그렇게 다른가?

수소 원자 음, 그 점에 대해선 그저 내 사견을 말할 수 있을 뿐이다.

리처드 말해 달라.

수소 원자 원자나 아원자 규모의 세계도 전통적인 대규모 세계와 비슷하다면, 우주의 정보가 과도하게 많아진다. 그러면 어떤 진보도 질식하고 말 거다.

리처드 무슨 소린지 모르겠다.

수소 원자 예를 들어 지구의 움직임을 쫓아가 보자. 너는 어느 시점의 정확한 위치와 속도를 알아낼 수 있다. 그 수치를 책에 적어 두었다 치자. 책은 얼마나 두꺼울까?

리처드 얼마나 정확한가에 달려 있지 않을까?

수소 원자 좋은 대답이다. 암튼 책 두께가 백과사전 빰치리라는 건 쉽게 알 수 있겠지.

리처드 그야 물론이다.

수소 원자 이제 두 배로 정확한 수치를 원한다 치자. 예를 들어 3.14 같은 수치 대신 3.14159를 대입해서 계산하는 거다. 그럼 책 두께는 두 배가 된다.

리처드 그래.

수소 원자 이제 다시 그것의 두 배, 또 두 배로 정확한 수치를 원한다고 하자. 그럼 어느 사이엔가 책은 지구만큼 커지겠지. 실은 태양계, 은하계, 심지어 우주만큼 커질 수도 있다.

리처드 알겠다. 하지만 실제로 그런 책을 누가 만들려고 하진 않을걸?
수소 원자 그렇지만 원칙적으로 정보는 그렇게 존재한다. 고전적인 방식으로, 우주의 모든 원자에 대해서도 그런 책을 쓸 수 있다. 그럼 그 정보량이 얼마나 많을지는 상상도 할 수 없다.

리처드 알겠다. 하지만 굳이 책을 쓸 필요가 뭐 있나.
수소 원자 원칙적으로 그렇다는 이야기다. 우주는 그렇게 많은 정보를 간직하고자 하지 않는다.

리처드 그건 또 무슨 소린지 이해가 안 된다.
수소 원자 아, 그저 내 사견이다.

리처드 암튼 나도 생각은 해 보겠다.
수소 원자 그러길 바란다.

리처드 전혀 다른 걸 물어봐도 될까?
수소 원자 물론이다.

리처드 너는 우주 전역에 흩어진 방대한 차가운 구름들 속에도 무수히 존재한다고 알고 있다.

수소 원자 그렇다.

리처드 그 구름은 얼마나 차가운가?

수소 원자 영하 100도가 넘는다.

리처드 그렇게 차가우면 우리가 너를 어떻게 보나?

수소 원자 훌륭한 질문이다. 알다시피 뭐든 차가울수록 에너지 방출이 적다. 그 구름은 21cm선*, 때로 21cm전파라고도 불리는 것으로 관측된다.

리처드 자세히 설명해 달라.

수소 원자 음, 우선 각각의 내 구성 요소가 하나의 작은 자석임을 알 필요가 있다.

리처드 전자가 자석이고, 양성자도 자석이란 뜻인가?

수소 원자 본질적으로 볼 때 그렇다. 그것들은 N극과 S극을 가진 작은 막대자석처럼 자기장을 형성한다.

리처드 누가 그런 생각을 했지?

21cm선

21-centimeter radiation. 천체는 특정 전파를 발생시킨다. 그 파장을 관측하면 어떤 원소의 전파인지 알 수 있는데, 수소 분광선(스펙트럼선) 파장이 21센티미터다. 일산화탄소 파장은 2.6밀리미터다. 이처럼 가시광선(1밀리미터)보다 파장이 긴 전파를 관측하여 천체나 성간물질을 연구하는 것이 전파천문학radio astronomy이다.

수소 원자 울렌벡Uhlenbeck, George과 하우드스밋Goudsmit, Samuel Abraham.

리처드 응? 그들이 뭘 생각해 냈다고?

수소 원자 1925년에 전자가 본질적으로 자석과 같다고 예견했다.

리처드 알겠다.

수소 원자 암튼 나침반이 어떻게 작동하는지는 너도 알 거다. 나침반 바늘은 막대자석의 양극같이 작용한다. 막대자석처럼 자기장을 형성하는 지구 자기장에 맞춰 나침반도 정렬한다.

리처드 알고 있다.

수소 원자 나침반을 건드려 보자. 살짝만 치면 바늘이 반대 방향으로 돌아가게 할 수 있지만, 금세 제자리로 돌아온다.

리처드 그래, 나도 해 본 적 있다.

수소 원자 방대하고 황량한 내 구름 속에서도 같은 일이 일어난다. 우리는 더러 나침반 바늘이 틀어질 정도로 서로 강하게 충돌하기도 한다. 그러면 캄캄한 빈 공간에 홀로 우울하게 나뒹굴게 되고, 그 순간 전자는 위치에너지가 뚝 떨어진다.

리처드 그 과정에서 에너지를 방출하나?

수소 원자 그렇다. 에너지가 양자화되어 있음을 잊지 마라. 하지만 이 경우엔 극장보다 스포츠카 비유가 더 적절하다.

리처드 또 무슨 소린지 모르겠다.

수소 원자 좌석이 두 개뿐이란 소리다. 자석들이 나란히 있을 때 에너지 상태가 더 높고, 서로 반대로 놓여 있으면 에너지 상태가 더 낮다. 그 두 상태 가운데 하나만 가능하다.

리처드 충돌해서 뒤집어지며 에너지가 방출되나?

수소 원자 그렇다. 그 에너지 파장이 21센티미터라서, '21cm선'이라는 고리타분한 이름이 붙었다.

리처드 뭐라고 해야 더 낫겠나?

수소 원자 글쎄, 수소구름선? 자전전파?

리처드 21cm선이 더 나은 것 같다.

수소 원자 그렇군.

리처드 너는 참 다재다능하다. 무수한 별 속에서 핵융합을 하는 것부터, 이 지구에서 온갖 복합물로 존재하는 것에 이르기까지 말이다. 우리는 네가 태양에서 방출한 에너지에 의지해 살고, 네가 산소와 함께 만들어 낸 물에 의지해 산다. 우리가 살아 있는 게 다 네 덕분 같다.

수소 원자 전혀 별개의 존재처럼 보이는 것들 사이의 복잡한 상호 관계를 이해하다니 아주 흐뭇하다. 하지만 우리 존재가 다 너희 인간 덕분이라고도 할 수 있다.

리처드 엉? 어째서?

수소 원자 너희 인간은 우리를 100년 이상 연구해 왔다. 분광기부터 망원경에 이르기까지 제작 가능한 사실상의 모든 과학 도구를 가지고 말이다. 인간이 수행한 가장 값진 측정 가운데 일부가 바로 나를 측정한 것이었고, 너희는 전도사처럼 내 이름을 널리 퍼뜨렸다. 그래, 전자와 양성자가 인간 없이도 존재는 하겠지만, 그러면 우린 이름도 없고, 이해되지도 못하고, 우리가 스스로를 희생해서 만들어 내는 그 모든 하늘의 빛도 생명 없는 우울한 암흑 위에 뚝뚝 떨어질 뿐이다.

리처드 이해한다. 아주 고무적인 인터뷰였다. 너 자신에 대해 그리고 네가 살아가는 법칙에 대해 아주 많이 설명해 준 데 감사드린다.

수소 원자 더 잘할 수 있었을 텐데 아쉽다.

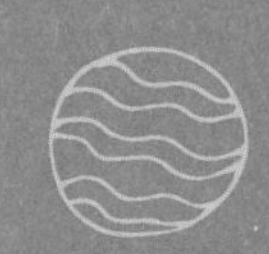

0.13 중성자와의 인터뷰

리처드 안녕?

중성자 안녕.

리처드 인터뷰에 응해 주어 고맙다.

중성자 천만의 말씀. 먼저 일러둘 게 있는데, 난 15분밖에 시간이 없다. 그 후에는 천명에 따라 바로 여길 떠야 한다.

리처드 천명이란 게 뭔지 물어도 될까?

중성자 여길 떠난 후 쫙 빠진 멋쟁이 핵을 찾을 거다. 탄소라면 좋겠지. 너의 탄소 원자 친구가 어드벤처 이야길 한참 했는데, 산소나 질소 속에 존재하는 건 정말 기찬 일일 것 같다. 그래도 나라면 천방지축 여행이나 하겠지만.

리처드 무엇이 되어?

중성자 문득 생각하니 금속이 좋겠다. 알루미늄이나 구리 정도.

리처드 왜 하필 금속인가?

중성자 잘은 모르겠지만, 금속은 전기가 통한다. 전자들이 줄곧 쌩쌩 누비고 다니는 모습을 보면 재밌을 거다. 어떤 녀석들은 바람보다 빨리 쏘다니고, 어떤 녀석들은 지친 거북처럼 엉금엉금 기어 다닌다는 소릴 들었다. 또 금속결합은 원자들이 규칙적으로 배열되어 결정구조를 이룬다. 덕분에 어디 속해 있는지 위치를 잘 알 수 있어서 편하다.

리처드 무슨 말인지 알겠다.

중성자 게르마늄을 택하면 흥미롭겠지.

리처드 트랜지스터와 반도체 칩을 만드는 데 쓰이는 거?

중성자 맞다. 그러면 나는 컬러 TV나 휴대전화에도 들어갈 수 있다. 아니면 실리콘이 되어도 흥미진진한 여행을 할 수 있을 거다.

리처드 개인적인 질문을 좀 해도 될까?

중성자 물론이다.

리처드 너는 아까 15분밖에 시간이 없다면서 핵에 찾아가겠다고 했다. 핵과 결합하면 기대 수명이 늘어나나?

중성자 그렇다. 내가 자유로울 때는 보통 수명이 15분 정도다. 그 시간이 지나면 수류탄처럼 터져 버린다.

리처드 저런. 핵 안에 있으면 안전한가?

중성자 영원히 안전하다.

리처드 그럼 너는 어떤 원자를 선호하나?

중성자 어려운 결정이다. 저마다 장단점이 있기 때문이다. 좀 전에 너의 손님이었던 수소와의 결합도 잠깐 생각해 봤지만, 녀석이 하루

종일 양자역학 강의를 떠벌이기 시작하면 맨 앞줄에 붙잡혀 빠져나갈 길이 없을 것 같다.

리처드 수소는 양성자 하나와 전자 하나로만 되어 있지 않나.

중성자 그렇긴 하지만, 기꺼이 나를 받아들일걸? 그러면 중수소 원자가 된다. 다시 산소와 결합하면 중수heavy water가 되고.

리처드 물이 더 무거워졌다는 이유에서 중수라고 하나?

중성자 그렇다. 10%쯤 더 무거워진다. 화학적 성질은 물과 거의 동일하다.

리처드 사람이 마셔도 되나?

중성자 한 모금쯤이야 괜찮지만, 내가 너라면 장복하진 않겠다.

리처드 왜?

중성자 중수와는 화학 반응이 느려서, 농도가 진할 경우 정상적인 생리작용이 잘 이루어지지 않을 거다. 무슨 뜻인지는 잘 알겠지?

리처드 알 만하다. 근데 시간이 너무 촉박하니 다른 질문으로 건너뛰자.

중성자 그래야겠다.

리처드 궁금한 게 있는데, 중성미자와 인터뷰한 것을 혹시 읽어 봤나?

중성자　꼼꼼히 읽어 봤다.

리처드　그럼 네가 양성자와 전자 그리고 중성미자로 붕괴할 수 있다는 중성미자의 말을 기억하겠구나.

중성자　그런 일은 한사코 피하고 싶다.

리처드　하지만 사실인가?

중성자　그렇다.

리처드　그럼 너는 전자와 양성자, 중성미자로 이루어졌나?

중성자　러더퍼드는 그런 식으로 생각했지만, 전혀 사실이 아니다.

리처드　그럼 무엇으로 이루어졌나?

중성자　나는 세 개의 쿼크로 이루어졌다. 위 하나, 아래 둘.

리처드　위 쿼크 하나와 아래 쿼크 두 개란 뜻이지?

중성자　그렇다. 위 쿼크는 전하량이 양성자(기본 전하)의 +2/3고, 아래 쿼크 두 개는 각각 -1/3이라서 모든 전하를 더하면 제로가 된다. 그래서 나는 중성이다.

리처드　위와 아래라는 이름에 무슨 특별한 뜻이 있나?

중성자　없다.

리처드 그럼 네가 붕괴하면…….

중성자 난 붕괴란 말이 싫다. 썩어 가는 늙은 시체 생각이 나서. 내가 운명하면 쿼크가 된다. 화려한 종말이다.

리처드 이렇게 말해서 유감이지만, 네가 해체될 때 쿼크라는 입자들은 어떻게 나타나는지, 또 쿼크에게 무슨 일이 일어나는지 모르겠다.

중성자 음, $E=mc^2$는 알겠지?

리처드 그래, 중성미자와 그 이야길 나누었다.

중성자 그게 바로 답이다. 입자들은 생성되거나 소멸될 수 있고, 사실 쉼 없이 그런 일이 일어난다. 내가 수류탄처럼 터져 버린다고 말했지만 그건 좋은 비유가 아니다. 내 시간이 끝나면, 전자와 중성미자가 곧바로 만들어진다. 자연은 그런 식으로 작용한다.

리처드 폭력적인 것 같다.

중성자 자연은 인간보다 훨씬 더 폭력적일 수 있다.

리처드 저런.

중성자 미안하다. 가끔 난 지지리도 운이 없다는 생각이 든다. 너한테 화풀이하려던 건 아니다. 내가 좀 따분했나 보다.

리처드 무슨 뜻이냐.

중성자 중성이라는 점 때문이다. 전자는 고속으로 질주하는 레이서

도 될 수 있고 발레리나도 될 수 있다. 경미한 자기장이라도 전자를 우주 공간으로 날려 보낼 수 있다. 자기장은 노련한 외과의사 손처럼 전자의 속도는 그대로 두고 방향만 바꿀 수 있다. 매우 긍정적인 태도를 지닌 양성자는 전자를 때로 거느리고, 생기발랄한 자손들이 바글거리는 대가족을 이룰 수 있다.

리처드 그렇지만 핵은 중성자 없이 존재할 수 없다.

중성자 그건 그렇다. 하지만 우리는 가족이라기보다 얹혀사는 식객 같은 기분이다. 우리와 무관하게 양성자 개수에 따라 어떤 원소인지 결정된다. 우린 그저 양성자가 서로 가까이 모여 있게 하는 역할을 할 뿐이다.

리처드 하지만 중성에도 좋은 점이 있다. 중성자는 물질을 분석하고 그 구조를 확인하는 등등의 일에 많이 쓰인다고 알고 있다. 전하를 띤 입자는 너를 따라 물질을 투과할 수 없고, 바로 포획되거나 굴절해 버리니까 말이다.

중성자 그건 맞는 말이다.

리처드 그러고 보니 생각나는 게 있다. 내가 알기론 중성자 같은 입자가 파동처럼 행동할 수 있고…….

중성자 나는 입자일 뿐이다.

리처드 그러니까 입자가 때로 파동처럼 행동하는 파동-입자 이중성에 대한 글을 읽은 적이 있다.

중성자 무식함을 숨기려는 화려한 말장난일 뿐이다.

리처드 수많은 책에서 그런 소릴 하던데?

중성자 파동-입자 이중성은 썩어 빠진 시체 같은 거다. 그건 캄캄한 무지의 시대에 태어나서, 미라처럼 그 잔재가 아직도 남아 있다.

리처드 설명해 줄 수 있겠나?

중성자 물론이다. 19세기 말 무렵, 과학자들은 전자기를 파동으로 이해했다. 예를 들어, 광파, 전자파 같은 것이 예견되고 관측되었다.

리처드 그랬지.

중성자 파동은 특별한 속성을 지녔다. 예를 들어, 너도 설거지하나?

리처드 예전만큼은 아니지만 지금도 한다.

중성자 그럼 세제 거품에서 영롱하게 반사하는 여러 색깔을 보았을 거다. 빛의 간섭현상* 때문에 현란한 색깔이 생기는데, 이건 파동을 닮은 속성에서 비롯했다.

리처드 그래. 어떤 파장들은 서로 중첩되어 그 색깔을 볼 수 있지만,

간섭현상 두 개 이상의 파동이 같은 점에서 만날 때 강하게 또는 약하게 겹쳐지는 현상을 간섭이라고 한다. 그 점에서 파동의 높이는 각 파동의 높이를 합친 것이다. 파동의 마루와 마루, 또는 골과 골이 겹쳐지면 진동수는 변하지 않지만 진폭이 두 배로 커져서 빛이 더 밝아지고, 마루와 골이 겹쳐지면 파동은 상쇄되어 빛이 흐려진다.

어떤 파장들은 서로 상쇄된다.

중성자 그렇다. 길바닥에 흘린 기름에서 현란한 색깔이 나타나는 것도 역시 간섭현상 때문이다. 모든 색깔을 지닌 백색광으로 시작된 빛이 기름의 한 부분에서 반사하며, 예를 들어 빨강이 서로 합쳐져 더 밝아진다면, 다른 색은 서로 상쇄된다. 기름띠나 거품 막이 얇을 경우 파란색 파장이 합쳐지지만 다른 색은 상쇄되는 식이다. 파장이 합쳐지는 곳을 맥시멈, 파장이 상쇄되는 곳을 미니멈이라고 한다.

리처드 알았다.

중성자 문제는 1927년 데이비슨Davisson, Clinton Joseph과 저머Germer, Lester Halbert와 더불어 시작되었다. 두 사람은 니켈 결정에 전자빔을 쏘아서 반사된 빔을 관측했다.

리처드 놀라운 결과가 나왔나?

중성자 그렇다! 반사된 단일한 빔이 아니라, 서로 다른 각도로 반사된 여러 빔을 관측한 거다. 한마디로 그들은 여러 맥시멈과 미니멈을 본 거다. 당시 그런 결과를 설명할 수 있는 유일한 길은, 전자를 파동으로 가정하는 것이었다. 간섭의 결과 맥시멈과 미니멈이 생겼다고 말이다. 그래서 그들은 전자가 파동처럼 행동한다고 결론지었다.

리처드 그럼 전자는 파동 맞구먼.

중성자 아니, 전자는 입자다. 당시 그들은 고전 역학과 파동이론 관점에서 생각했다. 1926년에 슈뢰딩거가 오늘날 슈뢰딩거방정식이라고 부르는 것을 발표했는데, 거기에 양자역학의 이론적 기초가 되는 많은 것이 담겨 있었다. 아까 수소 원자가 양자화된 에너지 준위에 대해 설명한 모든 게 바로 슈뢰딩거방정식에서 나왔다.

리처드 하지만 그건 데이비슨과 저머보다 한 해 앞선 이야기 아닌가?
중성자 그렇다. 슈뢰딩거방정식의 진정한 의미를 사람들이 이해하는 데 한참 걸렸기 때문이다. 슈뢰딩거조차도 처음에는 자기 방정식을 오해했다.

리처드 슈뢰딩거방정식으로 데이비슨과 저머의 실험 결과를 설명할 수 있단 소린가?
중성자 그렇다. 전자는 파동이 아니라 입자로 간주된다.

리처드 하지만 파동처럼 행동하잖나?
중성자 입자처럼 행동한다. 다만 그 입자는 고전 역학이 아니라 양자역학을 따른다. 수소가 입자에 대해 한 말을 되새겨 봐라. 확률만 알 수 있다는 것 말이다. 관측자는 반사된 전자의 정확한 방향을 결정할 수 없고, 다만 어느 방향으로 튈 확률만 예측할 수 있다. 슈뢰딩거방정식으로 반사각을 예측하면, 어떤 각도가 다른 각도보다 확률이 더 높은지 말해 준다.

리처드 그러니까 그게 간섭으로 맥시멈과 미니멈이 생기는 현상과 비슷하다?

중성자 그렇다. 하지만 슈뢰딩거방정식으로 그게 예측 가능하다. 그 방정식에서는 전자를 입자로 간주한다.

리처드 그럼 파동-입자 이중성이란 없나?
중성자 자연계에는 없다. 하지만 인간들의 책 다수에는 정정히 살아 있다.

리처드 여러 무리 입자들이 파동처럼 행동한다는 말은 맞나?*
중성자 바로 그거다. 네가 핵심을 짚었다.

리처드 예를 들어 줄 수 있나?
중성자 빛이 좋은 예다. 빛은 광자라고 불리는 입자들로 이루어졌다. 그런데 아무리 의미한 빛이라도 엄청나게 많은 광자로 이루어져 있다. 그 녀석들이 무리를 지어 파동처럼 행동한다.

리처드 알겠다.
중성자 아, 좀 전에 거칠게 굴어서 미안하다.

리처드 무식하다는 둥, 썩어 빠진 시체라는 둥 한 거 말인가?
중성자 그렇다. 이따금 너는 알지도 못하는 걸 옹호하려는 경향이 있

입자 무리의 파동성 이중 슬릿에 몇 개의 입자를 쏘면 당연히 입자는 알갱이처럼 행동한다. 그런데 무수히 많은 입자를 쏠 때 비로소 입자 무리들은 파동처럼 보이는 행동을 나타낸다. 입자의 파동성이 아니라, 입자 무리의 파동성인 것이다.

다. 미해결된 문제와 수수께끼 들은 과학의 연료다. 그걸 숨기지 말고, 그 문제들 속에서 환호하라.

리처드 수수께끼의 예를 들면?

중성자 중입자 수의 보존*.

리처드 그게 뭔가?

중성자 중입자는 강력이 작용하는 입자다. 나, 양성자, 쿼크 등이 중입자다. 전자나 중성미자는 아니다.

리처드 그건 알고 있다.

중성자 입자들은 붕괴해서 더 가벼워지고 싶어한다는 걸 알 거다.

리처드 알고 있다.

중성자 그러니까 내가 붕괴해서, 예를 들어 중성미자 하나와 어쩌면 한 쌍의 광자, 아니면 세 개의 중성미자 따위가 될 수 없는 이유가 바로 그것이다.

리처드 하지만 그런 일이 실제로 일어나잖나.

중입자 수의 보존 어떤 반응이나 붕괴 과정에서도 중입자 수가 보존된다는 것. 총 쿼크 수의 보존이라고도 한다. 입자물리학에서 중입자 수 또는 바리온 수는 한 입자에 들어 있는 쿼크 수에서 반쿼크 수를 뺀 값의 3분의 1이다. 3분의 1은 편의를 위한 것으로, 중입자는 반쿼크가 없고 쿼크만 세 개이므로 중입자 수는 1이 된다. 반중입자는 −1, 중간자와 렙톤은 0이다.

중성자 안 일어난다.

리처드 왜?

중성자 무엇보다도 나는 중입자인데, 방금 말한 다른 녀석들은 중입자가 아니다. 인간들은 내게 중입자 수 1을 부여했는데, 다른 입자들은 중입자 수가 0이다. 그 녀석들은 절대 중입자가 아님을 그딴 식으로 현란하게 말한다. 그리고 과학자들은 말한다. 어떤 붕괴에서도 중입자 수는 보존되어야 한다고.

리처드 그러니까 네가 세 개의 중성미자로 붕괴할 수 없는 이유는, 중입자 수 보존에 위배되기 때문이다?

중성자 바로 그 소리다.

리처드 알았다.

중성자 정말? 그런 붕괴가 일어나지 않는 이유를 너는 좀 전까지 전혀 몰랐다. 중입자 수의 보존이라는 아주 박식한 구절을 들먹이자 비로소 뭔가 감이 온 모양이다?

리처드 그래, 이제 알겠다. 그런 용어는 사실을 묘사하거나 분류하는 유용한 방법이다. 우리는 또, 예를 들어 전하 보존이란 말도 쓴다. 전자가 광자로 붕괴하지 않는 이유를 기술하기 위해서 말이다.

중성자 좋은 지적이다. 하지만 전하 보존은 이론만이 아니라 실제 관측을 토대로 나온 것이다. 전자기 기본 방정식에서 비롯하기도 했다.

유감이지만 나는 이제 슬슬 불안하다. 빨리 핵 속으로 첨벙 뛰어들고 싶다. 운명의 시간이 가까이 다가왔다.

리처드 이해한다. 들려 줘서 고맙다.

0.14 쿼크와의 인터뷰

리처드 홀로 찾아와 주어 고맙다. 네가 이렇게 떨어져 있기란 쉽지 않다고 알고 있다.

쿼크 "자유의 힘은 무지막지하게 크다"고 별과의 인터뷰에서 네가 말하지 않았나. 암튼 이 자리에 서게 되어 대단히 기쁘다.

리처드 이것부터 짚고 넘어가자. 중성자와 양성자는 쿼크로 이루어졌지?

쿼크 그렇다. 위와 아래 쿼크로. 나는 위다.

리처드 그것 때문에 자연에 대한 우리 관점이 이제 예전처럼 단순치가 않다.

쿼크 20세기의 여명기 몇십 년 동안, 우주는 단순하고 아름답게 보였다. 양성자와 중성자, 전자로 이루어진 우주 말이다. 하지만 그건 실재가 아니라 꿈과 소망으로 이루어진 우주였다.

리처드 그럼 너는 실재인가?

쿼크 너 못지않게 쌩쌩한 실재다.

리처드 처음에 그토록 많은 물리학자들이 너의 실재를 믿지 않으려고 한 이유가 뭐였나?*

쿼크 새로운 생각에 대해 너희 인간들이 왕왕 보여 주는 변덕스러운 밴댕이 소갈머리는 뭐라 형용하기 어렵지만, 깊이 뿌리박힌 두 가지 믿음을 꼬집고 싶다.

리처드 인간이 결코 포기하고자 하지 않는 믿음 말인가?

쿼크 인간을 여기까지 이끌어 온 믿음을 일거에 포기하긴 어렵겠지. 중성자와 양성자가 기본 입자고, 더 작은 뭔가로 이루어진 게 아니라는 생각을 버리는 건 자기 혈육을 버리는 거나 마찬가지였다.

리처드 꽤 극단적인 소리로 들린다.

쿼크 극단적인 거 맞다. 수 세대에 걸쳐 북돋고 의지해 온 믿음은 밥이나 물처럼 필수 불가결하다. 밥이나 물이 없으면 육신이 죽고, 믿음이 없으면 정신이 죽는다.

리처드 하지만 새로운 발견은 항상 이루어졌고, 우주의 모형은 끊임없이 진화한다.

쿼크 캔버스를 바꿔도 이젤은 그대로인 법이다.

리처드 그게 무슨 뜻인가?

쿼크 예를 들어 초거대 질량 블랙홀을 담고 있는 젊은 은하를 퀘이

쿼크 예견

머리 겔만Gell-Mann, Murray은 1964년 쿼크의 존재를 예견하는 논문을 발표했다. 그리고 중입자를 이루는 기본 입자, 곧 쿼크는 정수가 아닌 분수 전하, 곧 1/3이나 2/3 전하를 지녀야 한다고 주장했다. 이에 대해 리처드 파인만조차도 '터무니없는 소리'라고 일축했다가, 1973년에 이르러 스스로 '아주 독실한 쿼크 교도'라고 선언했다. 분수 값을 갖는 이유는 아직 밝혀지지 않았다.

사라고 생각할 수 있다. 그와 달리, 관측한 퀘이사의 에너지에 걸맞은 다른 퀘이사 모형을 생각해 볼 수도 있다. 모형을 바꾸는 것은 캔버스를 바꾸는 것과 같지만, 이런저런 이론의 기초 원리, 곧 밑바탕의 물리학은 캔버스를 얹는 이젤과 같아서 그리 자주 바뀌지 않는다.

리처드 알겠다. 근데 두 가지 믿음을 꼬집겠다고 했는데.

쿼크 다른 하나는 분수 전하fractional charge와 관련이 있다.

리처드 분수 전하?

쿼크 양성자는 기본 단위의 전하를 지녔다고 과학자들은 믿었다. 그것을 한 단위 전하*라고 부르자.

리처드 그럼 전자는 한 단위 음전하를 지녔겠네.

쿼크 그렇다. 1960년대 대두한 쿼크 모형에 따르면, 위 쿼크 전하는 2/3, 아래 쿼크 전하는 -1/3이다. 이것들은 거룩한 왕위의 1단위를 감히 쪼개고 나선 분수였던 거다. 왕을 폐위하기가 쉽겠나.

리처드 그런데 어떻게 믿음을 바꾸게 되었나?

쿼크 실험으로나 이론적으로 구축된 증거의 무게가 워낙 압도적이라 저항 세력이 제풀에 무너졌다. 이보다 더 중요한 사실은, 덕분에

한 단위 전하 one unit of charge. 양성자는 위 쿼크 둘, 아래 쿼크 하나로 이루어졌다. 본문에 나오듯이 위 쿼크 전하는 2/3, 아래 쿼크는 −1/3이라서 세 전하를 합하면 2/3+2/3−1/3=1이 된다. 양성자는 +1의 전하를 지닌 것이다. 반면 중성자는 2/3−1/3−1/3=0이다.

새로운 아름다움과 단순성이 대두되었다는 거다.

리처드　설명을 해 달라.

쿼크　미술계에서 인상주의는 단숨에 성공을 거머쥔 게 아니라, 시간의 마법 덕분에 결국 찬미를 받게 되었다. 물리학도 종종 이와 비슷하다. 새로운 생각은 이질적이고 뜨악해 보이지만, 그것이 마음 깊이 파고들어 둥지를 튼 뒤에는 새로운 아름다움이 출현한다. 또한 자연을 바라보는 새롭고 놀라운 방식의 출현은 더 나은 관점을 제시할 뿐만 아니라 더 깊이 자연을 바라보게 한다.

리처드　물리학의 경우에도 아름다움이 중요하다는 말처럼 들린다.

쿼크　아름다움과 물리학의 관계는 F와 ma의 관계와 같다.

리처드　설명을 부탁한다.

쿼크　뉴턴의운동법칙이다. F=ma, 곧 힘Force은 질량mass 곱하기 가속도acceleration다. 이건 인간이 일군 가장 위대한 성취 가운데 하나다. 가장 위대하다는 말이 거북하다면, 둘도 없는 성취라고 해 두자.

리처드　물리학에서 가장 중요한 것은 실험 결과를 설명할 수 있어야 하는 것이라고 생각했다.

쿼크　물론. 하지만 인간은 본질적으로 그렇게 영리하지 않다.

리처드　그게 무슨 뜻인가?

퀴크 인간은 강에 부닥치면 다리를 놓는다.

리처드 가끔 그러지.

퀴크 인간은 다리 설계를 할 수 있지만, 그러자면 기본 원리에 의지해야 하고, 경험칙이나 자연법칙에 의지해야 한다. 그리고 모든 것을 수학 방정식으로 정리한다. 들보를 얼마나 넓게 만들고, 케이블을 얼마나 두껍게 만들지 추론하기 위해 방정식을 푼다. 강을 척 보자마자 시방서를 줄줄 써낼 수 없는 거다. 본질적으로 인간이 그런 수준이란 뜻이다.

리처드 알겠다. 하지만 그게 아름다움과 무슨 상관인가?

퀴크 인간은 본질적으로 자연을 이해할 수 없기 때문에, 길 안내를 해 줄 기본 원리에 의지해야 한다. 수 세기 동안 인간의 길을 안내해 준 하나의 원리가 바로 단순성이다.

리처드 오컴의 면도날처럼.*

퀴크 그렇다. 하지만 단순한 선택이 아니라, 인간이 총체적으로 우리를 바라보기 위해 선택하는 방식을 말하고 있다.

리처드 우리?

오컴의 면도날 Occam's Razor. 경제성의 원리Principle of economy라고도 한다. 동일한 현상을 설명하는 '올바른 두 이론이 있다면 간단한 쪽을 선택하라Given two equally accurate theories, choose the one that is less complex'는 뜻이다.

쿼크 쿼크만이 아니라 총체적 자연 말이다.

리처드 아름다움은 어쩌고?

쿼크 아름다움은 인간의 가장 위대한 자산 가운데 하나다. 이론이란 문외한에게는 공포를 자아내지만, 그 이론에는 대단한 아름다움이 깃들어 있다. 이론적 성취를 통해 보람을 느끼는 것은 그 덕분에 인간이 우리를 이해할 수 있어서가 아니라, 아름다움을 길잡이 삼아 진리의 항구를 향해 항해할 수 있기 때문이다.

리처드 아름다움이란 뭔가?

쿼크 말로 설명할 수 없다. 운이 닿아 아름다움을 직접 보면 알게 될 거다.

리처드 아름다움은 분명 상대적인 개념이다. 누군가는 아름답다고 하는데, 다른 사람은 추하다고 할 수도 있다.

쿼크 물론이다. 너희 인간은 보지 못하는 입자에 대해 고심하고, 달성할 수 없는 속도와 이해할 수 없는 에너지, 심지어 상상조차 할 수 없는 크기에 대해 고심한다. 아름다움을 잘 정의해서 한 문장으로 설명할 수 있다고 해도, 너희가 우리를 이해하는 데는 거의 도움이 되지 않을 거다. 너희는 달라져야 할 필요가 있고, 스스로 도전할 필요가 있고, 옛 관념과 새로운 관념에 의문을 제기할 필요가 있고, 남들이 추하다고 하는 데서 아름다움을 발견할 필요가 있다.

리처드 조금 알 것 같다.

쿼크 다행이다.

리처드 좀 평범한 질문을 해도 될까?

쿼크 물론이다.

리처드 아까 위와 아래 쿼크를 언급했지만, 쿼크는 모두 여섯 가지 아닌가.

쿼크 그렇다. 중성미자가 전에 여섯 가지를 모두 말했다. 위, 아래, 맵시, 기묘, 바닥, 꼭대기. 과학자들은 쿼크에 그런 여섯 가지 맛깔flavor이 있다고 말하길 좋아한다. 이 역시 내가 말한 새로운 아름다움의 일부다.

리처드 설명해 줄 수 있나.

쿼크 그렇다. 초창기에 그리고 요즘도 가끔, 과학자들은 부지불식간에 고전적 관념을 기본 입자 영역에 끌어들였다. 파티에 초대받지 못한 손님처럼 그 관념들은 거북살스럽고 어디에 속하지도 않는다.

리처드 특히 어떤 관념?

쿼크 저기 있는 피아노를 예로 들어 보자. 저건 피아노지, 기타나 소파가 아니다. 내일도 피아노일 테고, 어제도 피아노였다.

리처드 물론이다.

쿼크 소규모 세계에서는 그런 유형의 사고가 유효하지 않다.

리처드 아.

쿼크 나를 한 조각의 쇠처럼 고유한 정체성을 지닌 유일무이한 개체로 생각하면 안 된다. 여섯 가지 쿼크마다 각자 세 가지 다른 종류가 있다고 상상하라.

리처드 예를 들어 위 쿼크에 세 종류가 있다고?

쿼크 그보다 이렇게 말하고 싶다. 나는 위 쿼크 세 종류의 조합으로 존재한다고. 우리에게 이름을 부여한 인간들은 다소 기발한 발상을 해서, 이 세 가지 상태를 세 가지 색깔* 로 기술한다.

리처드 너는 무슨 색인가?

쿼크 너는 핵심을 놓쳤다.

리처드 미안하다. 물론 너는 세 가지 색깔의 조합이다.

쿼크 그렇다.

리처드 그래도 좀 혼란스럽다. 위 쿼크 둘과 아래 쿼크 하나로 이루어진 양성자를 잠깐 생각해 보자.

쿼크의 세 가지 색깔

쿼크에는 빨강, 파랑, 초록 세 가지 종류가 있다. 이는 불연속 값을 갖는 전하, 곧 색깔 전하를 일컫는다. 특성이 빛의 삼원색 개념과 비슷해서 색깔로 명명했는데, 빛의 삼원색을 섞으면 색깔이 없어지듯 쿼크를 조합하면 색깔 전하가 없는 양성자나 중성자가 된다.

쿼크 그래.

리처드 양성자는 방금 말한 쿼크라는 세 개의 입자로 이루어졌나? 아니면 쿼크 하나마다 세 가지 색깔이 있으니 모두 아홉 개의 입자로 이루어졌나?

쿼크 양성자는 세 개의 쿼크로 이루어졌다.

리처드 그럼 세 가지 색깔은 어떻게 된 건가?

쿼크 거기에 아름다움이 깃들여 있다.

리처드 또 뭔 소린지 모르겠다.

쿼크 너는 양성자를 세 개의 쿼크로 보지만, 우리는 저마다 세 가지 색깔을 지니고 있다. 그러니까 예를 들어 양성자는 위 쿼크 파랑 하나 빨강 하나, 아래 쿼크 초록 하나로 이루어질 수도 있고, 아니면 위 쿼크 초록 하나 빨강 하나, 아래 쿼크 파랑 하나로 이루어질 수도 있단 소리다.

리처드 양성자는 그중 어떤 조합인가?

쿼크 그건 알 수 없다.

리처드 어째 뜨악하다.

쿼크 아니, 그게 아름다운 거다.

리처드 하지만…….

쿼크 설명해 주겠다. 너는 입자에 대한 견해를 확장해서, 입자에는 이제 세 종류, 곧 색깔이 있음을 알게 되었다. 자, 여기에 핵심이 있다. 너는 어떤 조합을 하든 양성자가 변함없이 존재한다고 생각하겠지. 하지만 이렇게 달리 말할 수도 있다. 아까 말한 조합 이야기로 돌아가서, 위 쿼크 파랑 하나 빨강 하나, 아래 쿼크 초록 하나를 A상태라고 부르도록 하자. 위 쿼크 빨강 하나 초록 하나, 아래 쿼크 파랑 하나를 B상태라고 부르기로 하자. 그럼 이제 수학적 변환을 통해 A상태에서 B상태로 바꿀 수 있다.

리처드 그게 바로 게이지변환* 아닌가?

쿼크 맞다. 그런 변환을 했는데도 물리적 특성에는 아무런 변화가 없을 수 있다. 그것을 색깔 대칭성이라고 한다.

리처드 윔프가 설명한 대칭과 비슷한 것 같다.

쿼크 그렇다. 경이로운 점은 바로 이거다. 즉, 물리적 특성을 동일하

게이지변환과 대칭성

게이지gauge는 계측기란 뜻으로, 예를 들어 계측기(전압계)의 눈금을 돌려놓아도(변환해도) 측정한 전위차, 곧 물리에는 변함이 없다. 더 간단한 예로, 바둑판을 돌려놓아도 물리(승부)는 달라지지 않는다. 이런 것을 게이지 불변성, 또는 대칭성이라고 한다. 다시 말해, 물리법칙을 기술하는 독립변수(시간, 공간 등의 입력 정보)에 변화를 주어도 그 법칙이 변하지 않을 때 이를 대칭적이라고 한다. 게이지이론은 전자기에 관한 맥스웰 방정식에서 시작해 점차 발전해 온 것으로, 전자기력만이 아니라 약력과 강력까지 잘 설명하는 이론이다. 이 세 가지 힘을 매개하는 입자를 게이지 입자, 또는 게이지 보손이라고 한다.

게 고정하면서, 달리 말하면 대칭성을 강제하면서, 기본 방정식들이 조금씩 바뀌고 새로운 용어가 추가된다.

리처드 새로운 용어로 뭘 하나?

쿼크 자연을 설명한다! 새로운 용어인 색깔 대칭성은 새로운 힘을 발생시키는 원천이다. 쿼크들을 결합시키는 힘 말이다. 그건 20세기 물리학의 위대한 성취다.

리처드 그러고 보니 뉴트랄리노의 말이 생각난다. 하지만 두 입자 사이의 힘은 입자 교환을 통해 생겨난다고 한 것 같은데?

쿼크 맞는 말이다.

리처드 그럼 쿼크들을 결합하는 힘을 발생시키는 색깔 대칭성과 연관된 교환 입자가 분명 있겠구나.

쿼크 그렇다. 그 교환 입자 이름은 글루온이다. 작명을 아주 잘했다고 본다. '글루'는 '쿼크'라는 이름에 깃든 가볍고 흥겨움을 계승하고, '온'은 고전적인 아취를 담고 있다.*

리처드 음, 단순하게 양성자를 바라보던 내 관점은 분명 바뀌었지만,

쿼크와 글루온 어원

머리 겔만이 작명한 쿼크quark는 제임스 조이스의 소설 《피네건의 경야》에 나온 신조어(무슨 뜻인지 모를 술꾼의 혀 꼬부라진 소리)를 차용한 것이다. '글루glue'는 접착제, '온on'은 그리스어 접미사로 입자를 뜻한다. 쿼크들을 접착하는 입자가 글루온이다.

정작 양성자가 뭔지 헷갈린다.

쿼크 줄곧 글루온을 교환하면서, 서로의 리듬에 맞추어 펄떡이며 거칠고 신나게 춤추는 세 개의 쿼크를 양성자라고 생각하면 된다. 글루온은 서로 상호작용을 하고 왁자지껄하며 계속 생성되는 반면, 광자는 쿼크 전하에서 생성되어 파티의 웨이터처럼 상호작용은 하지 않고 이 손님 저 손님에게 쏘다니는 모습을 상상해 보라.

리처드 경탄스럽다.

쿼크 그렇다. 그리고 아름답다.

리처드 전에 말한 아름다움이 이런 건가?

쿼크 그렇다. 양성자나 다른 많은 것의 구조를 설명하기 위해, 과학자들은 새로운 빛에 비춰 자연을 바라보고 이해할 필요가 있었다. 전에는 다르게 보았던 것을 동등하게 바라볼 필요도 있었다. 자연의 자녀들에게 향한, 그윽하고 너른 민주적 시선을 이해할 필요가 있었다. 자연의 깊은 내면 작용을 바라보면 아름다운 뭔가를 보게 된다.

리처드 조금 알 것 같다. 근데 궁금한 다른 주제가 있다.

쿼크 뭔가?

리처드 용케도 네가 나를 찾아왔지만, 우리가 쿼크 하나를 단독으로 확보할 수는 없다고 알고 있다.

쿼크 맞는 말이다.

리처드　왜 그런지 설명해 달라.

쿼크　거기에 대자연의 또 다른 놀라운 경이가 깃들어 있다. 앞서 네가 $E=mc^2$라는 유명한 방정식을 다룬 걸로 알고 있다.

리처드　그렇다. 중성미자가 그 이야길 했다.

쿼크　그것을 잘 유념하기 바란다. 이제 너는 대다수 사물들 사이의 힘이 서로 멀어질수록 약해짐을 알고 있을 거다. 중력, 전자기력, 심지어 양성자와 중성자 사이의 힘도 서로 멀어지면 약해진다.

리처드　알고 있다.

쿼크　두 쿼크 사이의 힘은 서로 떨어질수록 증가한다. 마치 스프링에 연결된 것과도 같다. 멀리 잡아당기려면 더 많은 힘, 곧 더 많은 에너지를 필요로 한다.

리처드　그것의 의미는 무엇인가?

쿼크　그 의미는, 분리되기 위해서는 아주 많은 에너지를 필요로 한다는 거다. 양성자 지름 거리만큼 떨어지려면, 다른 한 쌍의 쿼크를 창조할 수 있는 에너지가 필요하다. 그러니 하나의 쿼크를 확보하려다가 여러 개의 쿼크를 만들고 만다.

리처드　그럼 너는 어떻게 홀로 여길 왔나?

쿼크　끈을 좀 댔다.

리처드 문득 떠오른 생각이 있다.

쿼크 좋은 일이다. 뭔가?

리처드 과거에 우리는 원자가 물질의 기본 단위라고 생각했지만, 그게 틀렸음을 알고는 중성자, 양성자, 전자가 기본 단위라고 믿게 되었다. 이제는 그것도 틀렸고, 중성자와 양성자는 쿼크로 이루어졌다는 것을 알게 되었다. 그러니 너는 뭔가 더 작은 걸로 이루어졌을 가능성도 있지 않겠나.

쿼크 가능성이야 널렸다.

리처드 우리가 옳은지 어떻게 알 수 있을까?

쿼크 믿음을 가져야 한다. 진실을 낱낱이 파악할 때까지, 우주 모형의 노래를 믿고 다소곳이 귀를 기울여야 한다. 그러다 노래가 맥 빠지게 들리면, 생기발랄하게 더 나은 노래를 작곡해야 한다.

리처드 믿음을 가지란 소리를 두 번이나 듣는다.

쿼크 믿음은 종교인에게만큼이나 물리학자에게도 강력한 힘이 있다. 믿음의 대상이 다를 뿐이다. 지난날 인간은 고전 역학 법칙을 열렬히 믿었고, 그 법칙과 대자연에 대한 믿음 덕분에 우주를 더 많이 이해할 수 있었다. 앞서 수천 년 동안 이해했던 것보다 더 많이 말이다. 19세기에서 20세기로 접어들 때, 그 믿음은 심각한 시련에 봉착했다. 관측한 것을 더 이상 이론으로 설명할 수 없었다. 태양의 막대한 힘의 원천을 아무도 이해하지 못했고, 수소나 다른 원자들의 스펙트럼은 가장 현명하다는 사람들조차 당황케 했으며, 물질에서 무슨 에너지가 방출되는 것을 발견했는데, 그게 뭔지 몰라서 그냥 X선이라고 부를 수밖에 없었다. 심지어는 빨갛게 달군 부지깽이에서 빛이 나오는 현상도 설명하지 못했다.

리처드 그래서 어떻게 했나?

쿼크 결국 과거 관념들을 포기해야 했다. 자연의 질서에 대한 믿음은 견지해야 했지만, 그러면서도 어떤 믿음은 잘못된 제단에 놓여 있음을 깨닫게 되었다.

리처드 무엇을 견지하고 무엇을 포기해야 할지 어떻게 알 수 있나?

쿼크 대부분의 인간은 알지 못한다. 이따금 어둠 속으로 빛을 던지는 사람이 나타난다.

리처드 그때 모두가 알게 되는구나.

쿼크 그때 모두가 알게 된다.

0.15
타키온과의 인터뷰

원주

이 인터뷰에서는 모든 대답이 질문보다 앞섰다. 그러나 독자 편의를 위해 순서를 바꾸어 질문을 대답 앞에 놓았다.

리처드 휴, 너는 따라잡기가 정말 어려웠다.
타키온 미안하다. 자연은 우리를 갈라놓고 싶어한다.

리처드 유감이지만 사실 나는 너를 볼 수 없다. 네가 정말 타키온인지 어떻게 알 수 있나?
타키온 믿어라.

리처드 타키온이 무엇인지 설명해 줄 수 있나?
타키온 빛의 속도보다 빨리 움직이는 입자가 타키온이다. 이번 인터뷰를 제외하고 인간은 우리를 관측한 적 없다. 인간은 이론적으로 딱히 우리를 고안할 이유도 없었다. 대다수 사람들, 내가 말하는 사람이란 과학자들인데, 그들은 우리의 존재를 전혀 믿지 않는다.

리처드 왜?
타키온 여러 가지 이유가 있다. 무엇보다 아인슈타인의 상대성이론에 따르면, 질량을 가진 어떤 입자도 빛의 속도로, 또는 그 이상으로 움직일 수 없다.

리처드 왜 그런가?
타키온 질량을 가지고 그렇게 움직이려면 무한한 에너지가 필요하다는 것을 아인슈타인은 증명했다. 대가가 싸지 않지.

리처드 상대성이론이 옳다면 너는 존재할 수 없다는 거네?

타키온 꼭 그렇지만은 않다. 나는 c보다 빠른 속도로 창조될 수 있다.

리처드 c*는 광속을 뜻하나?

타키온 그렇다. 우리가 동의하는 몇 안 되는 것 가운데 하나다.

리처드 네가 c보다 빠른 속도로 창조된다면, 이론적으로 존재할 수 없다는 근거는 없는 셈이네?

타키온 그건 흥미로운 사실이다.

리처드 뭐가 흥미로운가?

타키온 우리가 존재한다면 인과율이 깨진다는 주장이 제기되어 왔다.

리처드 인과율이 뭔가?

타키온 그러니까 인간은 원인이 결과에 앞서야 한다고 믿는다. 멀리 있는 친구에게 네가 "야!" 하고 외치면, 외친 다음에야 친구가 듣는다.

리처드 당연하다.

광속 기호 c

'진공에서의 빛의 속도를 왜 기호 c로 나타내는가?' 하는 질문에, 1959년 아이작 아시모프Asimov, Isaac는 '속도를 뜻하는 라틴어 celeritas의 머리글자'라고 답했다. 19세기에 빛의 속도를 나타내는 데 쓰인 가장 흔한 기호는 대문자 V였다. 아인슈타인도 1905년의 몇몇 논문에서 V로 썼다. 처음 기호 c를 쓴 사람은 1856년 베버Weber, Wilhelm Eduard와 콜라우슈로 알려져 있는데, 이후 플랑크와 로런츠Lorentz, Hendrik Antoon 등이 이를 썼고, 1907년 아인슈타인도 V를 c로 바꿈으로써, c가 표준 기호가 되었다.

GO TACHYON
GO LIGHT

타키온 그게 인과율이란 거다.

리처드 인과율이 지켜져야 한다면, 네가 너라고 말하는 바로 그 존재에 의문을 제기하지 않을 수 없겠다.

타키온 의문 제기는 좋은 거다. 하지만 그 의문이 무엇을 겨냥하고 있는지 잘 새겨야 한다.

리처드 그게 무슨 뜻인가?

타키온 앞서 예로 돌아가서, 네가 외치기 전에 친구가 들었다고 치자. 그게 나쁜가?

리처드 그렇다. 내가 막판에 외치지 않기로 돌연 마음을 바꿔 먹었다고 치자. 그런데도 내가 말하지 않은 것을 말한 것으로 듣게 되지 않나.

타키온 지금 너는 아주 중요한 가정을 했다.

리처드 내가?

타키온 그렇다. 너는 네가 자유의지를 지녔다고 가정했다. 외치는 소리를 일단 친구가 들었다면, 너는 그걸 말하도록 결정지어진 것이다.

리처드 하지만 내가 자유의지를 지닌 것은 사실이다.

타키온 그걸 어떻게 아나?

리처드 나는 말할지 말지 선택할 수 있다. 그건 내가 결정하지, 친구가 결정하지 않는다.

타키온 너는 방금 넥타이를 풀었다. 그게 자기 결정이라고 생각할 텐데, 그걸 어떻게 아나? 최면 후 암시*일 가능성은 없을까? "야!" 하고 외치는 소리처럼, 특정한 말을 듣는 순간 넥타이를 풀라는 암시를 받았을 수도 있다.

리처드 그럴 수도 있겠지만, 그건 앞서 예와 다르다. 예를 들어 내가 외치지 않은 소리를 친구가 들은 후 내가 저격수에게 살해당해 외칠 겨를이 없을 수도 있다.

타키온 끔찍하다.

리처드 그냥 사고실험일 뿐이다.

타키온 그래. 그래서?

리처드 그래서 그건 논리적으로 불가능하다. 그 말을 내가 했지만 나는 말하지 않았다는 거 말이다.

타키온 자유의지나 그것의 결여 여부는 네게만 한정된 일이 아니다. 전체 우주가 관여한다. 저격수를 비롯한 다른 모든 것이 말이다. "야!" 하고 외치는 소리가 일단 친구에게 들리면, 너는 그걸 말하도록 결정지어진 거라니까.

최면 후 암시 posthypnotic suggestion. 최면 후의 특정 반응을 기대하면서 최면 중에 건 암시.

리처드 유감이지만, 믿기 어렵다.

타키온 그렇겠지. 대다수 사람들이 받아들이지 못한다. 그래서 단순히 내 존재 가능성을 일축하거나, 아니면 내 존재를 수용하기 위해 결과를 재해석하는 방법을 고안해 낸다.

리처드 솔직히 너의 존재는 우리가 소중히 여기는 대다수 관념들에 반하는 것으로 보인다. 네가 진짜 존재한다는 증거도 전혀 없는 것 같고…….

타키온 잠깐. 증거가 없지는 않다. 미약한 증거긴 하지만, 다행히 항상 아주 빠끔 열린 이론의 틈이 있다.

리처드 증거가 있다고?

타키온 끈 이론이 그것이다. 표준 모형에 따르면 기본 입자들은 길이도 너비도 깊이도 없는 점으로 가정된다는 것을 알겠지?

리처드 그렇다.

타키온 끈 이론은 입자가 실은 작은 끈이라고 가정한다. 끈은 길이가 0이 아니다. 안타깝게도, 다수의 끈 이론이 있는데 모든 물리학자들이 널리 받아들이는 건 아니다.

리처드 그렇다. 주류 물리학계는 끈의 존재를 인정하지 않는다.

타키온 맞는 말이지만, 주류에 너무 오래 머물면 익사할 수 있음을 잊지 마라.

리처드 개인적인 의견인가?

타키온 그렇긴 하지만, 사실이다. 수 세기에 걸친 물리학의 진보를 돌아보라. 범상치 않은 진보가 이루어졌고, 자연을 바라보는 놀라운 관점을 제공하는 획기적인 토대를 마련했지만, 그런데도 아버지의 위대한 발견이 아들에게는 케케묵고 잘못된 시도로 전락하고 말았다.

리처드 무슨 소린지 잘 모르겠다.

타키온 예를 들어 열 이론을 보자. 한동안 사람들은 열은 열소熱素라고 불리는 실체가 운반한다고 믿었다. 뜨거운 재가 식으면 열소가 재에서 주위로 흩어지는 것이다. 이 케케묵은 생각은 오늘날 완전히 부인되었지만, 당시에는 주류였다. 수소가 이야기한 원자의 푸딩 모형도 한때는 주류였지만, 이제는 그저 웃음을 자아낸다. 지금부터 100년만 지나면 물리학자들은 오늘의 주류를 그저 케케묵은 옛이야기쯤으로 여길 것이다.

리처드 그런 생각을 해 본 적이 없다.

타키온 하게 될 거다.

리처드 그 점에는 동의한다. 하지만 네가 존재한다는 이론적 증거가 있다면서?

타키온 아 그래. 일부 끈 이론이 내 존재를 예견한다. 끈 이론가들이 강둑 언저리에서 허우적거리며 강심으로 나아가려고 고심한 끝에, 나를 예견하는 이론들을 더러 투척했다.

리처드 네가 더 큰 지지를 얻지 못해 유감이다. 너도 속물의 일원인가?

타키온 그렇다. 하지만 나는 그 협회가 창설되기 전에 가입했다.

리처드 왠지 그 말이 이해된다.

타키온 그렇다면 이 인터뷰가 자못 도움이 되었군.

리처드 그렇다. 들러 주어 고맙다. 굳바이.

타키온 헬로.

0.16 퀘이사와의 인터뷰

리처드 인터뷰에 응해 주어 고맙다.

퀘이사 이런 자리에 서게 되어 기쁘다.

리처드 퀘이사[quasar]라는 낱말의 의미를 말해 달라.

퀘이사 준항성체란 뜻이다. 항성에 준하는 천체, 한마디로 별과 비슷한 존재란 의미지. 강한 전파를 방출하기 때문에 준성전파원으로 번역하기도 한다. 그건 그렇고, 옛날이야기를 잠깐 하고 싶다. 1960년대 과학자들은 아주 특별하게 에너지를 방출하는 천체를 관측하기 시작했다. 당시 그것은 최대 수수께끼 가운데 하나였다. 내가 무엇인지 전혀 몰랐던 거다.

리처드 뭐가 수수께끼였나.

퀘이사 여러 가지다. 하나는, 관측한 스펙트럼선의 정체를 알 수 없었다는 거다.

리처드 모든 원소는 지문처럼 저마다 고유의 스펙트럼선을 지니고 있다고 수소가 말한 적 있다.

퀘이사 그렇다. 그런데 처음에 과학자들은 내 원소들의 정체를 알아내지 못했다.

리처드 뭐였는데?

퀘이사 일부는 보통의 수소 분광선으로 밝혀졌지만, 적색 편이가 너무 커서 과학자들이 알아보지 못했다.

리처드 어디 보자, 그래, 은하가 적색 편이를 설명한 적 있다.

퀘이사 우린 적색 편이 전문가들이다.

리처드 우리?

퀘이사 곧 설명해 주겠다. 우주 전체를 놓고 볼 때, 천체가 멀어질수록 속도는 빨라지고, 따라서 적색 편이가 커진다. 우리의 적색 편이가 크다는 데에는 두 가지 의미가 있다. 우리가 빨리 움직이고 있다는 것과 멀리 있다는 것.

리처드 그럼 속도가 빠른 걸 알았으니 수수께끼가 풀렸나?

퀘이사 일부는. 하지만 그 때문에 수십 년 동안 천문학자들이 골머리를 썩였다.

리처드 아니 어째서?

퀘이사 첫째로, 우리가 그렇게 멀리 있다면 우리는 별일 수 없다. 그렇게 멀리 있는 별은 전혀 보이지 않기 때문이다. 호수 바닥에 떨어진 낡은 동전이 물가에서는 보이지 않듯이 말이다.

리처드 이해가 된다.

퀘이사 그래서 우리는 은하여야 했다. 짐작했겠지만.

리처드 그게 왜 문제가 되나?

퀘이사 두 가지 면에서 문제가 된다. 앞서 나선은하와 인터뷰를 했으니 당연히 잘 알 텐데, 너희가 보는 것은 기본적으로 많은 별들의 모임이다. 달리 말하면 지상에서 검출한 에너지는 근본적으로 100억 개의 별이 방출한 것을 다 더해서 나온 결과다.

리처드 그렇지.

퀘이사 퀘이사는 다르다. 많은 별에서 나오는 가시광선 에너지 외에, 다량의 적외선 에너지와 다량의 전파 에너지도 측정된다. 정상적인 은하에는 그런 게 없다.

리처드 알겠다.

퀘이사 스튜에 후추를 좀 치자면, 우리의 전체 에너지 방출량은 은하의 1천 배에 이른다. 하지만 우리의 가장 놀라운 특징은 따로 있다.

리처드 어서 말해 달라.

퀘이사 그 모든 에너지가 믿기지 않을 만큼 작은 공간에서 발생한다. 지름이 고작 1광년 정도인 지역에서 말이다. 그건 너희의 전체 은하 크기를 현재보다 10만 배 작게 압축한 것과 같다.

리처드 그런 압축이 가능한가?

퀘이사 가능하지 않다. 그 정도로 압축하면 붕괴해서 블랙홀이 되어버리고, 모든 게 캄캄해질 거다.

리처드 퀘이사 문제를 내가 이해했는지 점검해 보자. 그러니까 너는 많아도 너무 많은 에너지를 방출하고, 그에 비해 크기는 너무 작고, 스펙트럼은 오리무중인데, 그건 네가 너무나 많은 적외선 에너지를 방출한다는 뜻이고, 그러려면 너는 무조건 무수히 많은 별로 이루어져 있어야 한다, 이거지?

퀘이사 맞다.

리처드 그럼 네 정체가 뭐냐?

퀘이사 우린 은하다. 하지만 우리에겐 아주 특별한 중심이 있다.

리처드 그게 뭔가?

퀘이사 초거대 질량 블랙홀.

리처드 질량이 얼마나 크기에?

퀘이사 너희 태양 질량의 10억 배쯤 된다.

리처드 은하가 붕괴해서 블랙홀이 되면 캄캄해진다고 하지 않았나?

퀘이사 그렇다. 전체 은하가 블랙홀로 붕괴하면 보이지 않게 된다. 우린 독특한 존재다. 중심부에 그런 초거대 질량 블랙홀이 있지만, 나머지 은하에 많은 별을 거느리고 있다.

리처드 에너지는 어디에서 나오나?

퀘이사 별들과 달리, 나는 핵융합으로 엔진을 돌리지 않는다.

리처드 무엇으로 돌리나?

퀘이사 블랙홀로 떨어진 별들. 너의 블랙홀 친구가 기본 개념을 설명해 주었다.

리처드 어디 보자. 이렇게 말했군. "항상 내 문을 두드리는 방문객이 있다. 사실 너무나 많은 손님이 안으로 들어오려고 해서, 러시아워의 도심지보다 더 붐빌 정도다. 너도나도 화가 나서 낯빛이 붉으락푸르락할 정도로 말이다. 실제로 블랙홀 주위 물질은 뜨겁게 가열되어 X선을 방출한다".

퀘이사 러시아워의 도심지가 어떤지 난 모르겠지만, 기본 개념은 맞다. 다만 내 블랙홀은 그보다 훨씬 더 커서, 훨씬 더 많은 물질과 별들과 먼지 따위를 휘어잡는다. 그것들이 안으로 빨려 들어갈 때 마찰로 아주 뜨거워지면서 에너지를 방출한다.

리처드 많은 물질이 안으로 빨려 들어가야만 네가 방출하는 그 모든 에너지를 설명할 수 있단 뜻이지?

퀘이사 맞다. 하루에 별 하나를 먹어 치운다고 보면 된다.

리처드 대단하다. 그런데 잠깐 되짚어 봐도 될까?

퀘이사 물론이다.

리처드 너는 퀘이사가 아주 멀리 있는 천체라고 말했다.

퀘이사 인간이 볼 수 있는 천체 중에서 가장 멀다.

리처드 나는 전체적으로 우주가 균질해서, 우리가 특별한 자리를 차지하고 있지는 않다고 생각했다. 하지만 너희가 그렇게 멀리 떨어져 있다면, 너에게는 우리가 자못 특별한 자리를 차지하고 있는 것처럼 보일 것 같다.

퀘이사 흥미로운 관점이지만, 한 가지 잊은 게 있다. 네가 우주 공간을 바라볼 때, 너는 과거를 보고 있는 것이다.

리처드 내가 우주를 바라볼 때, 나는 과거를 보고 있다. 이건 빛이 이동하는 데 걸리는 시간 때문이지?

퀘이사 그렇다. 예를 들어 네가 지구 밤하늘에서 가장 밝은 시리우스를 바라볼 때, 눈에 들어온 빛은 9년 전에 방출된 거다. 너희와 가장 가까이 있는 대은하인 안드로메다은하를 바라볼 때, 너는 250만 년 전 과거를 보고 있는 거다. 가장 멀리 있는 퀘이사를 바라볼 때, 너는 100억 년 전에 방출한 빛을 받고 있는 거다.

리처드 100억 년 전! 그건 거의 우주의 나이잖아.

퀘이사 그렇다. 망원경이야말로 먼 과거를 탐색하는 진짜 타임머신이다.

리처드 그럼 만일 충분히 큰 망원경만 있으면 태초의 모습도 볼 수 있겠네?

퀘이사 우주의 탄생도? 그건 정말 흥미로운 이야기지만, 그럴 수는 없다. 과거로 멀리 되돌아갈 수 있는 데는 한계가 있다. 그걸 우주의 가시적 경계라고 한다.

리처드 아쉽다.

퀘이사 안됐지만 내 이야기로 돌아가서, 네가 퀘이사를 볼 때 너는 우주의 먼 과거를 보고 있는 거다. 시간이 한참 흘렀으니 이제 블랙홀은 가능한 많은 별들을 다 삼켰고, 남은 별들은 블랙홀의 힘이 미치지 않는 궤도를 돌고 있고, 은하 중심부는 휴면 상태라서 눈에 띄지도 않는다. 네가 근처에 있는 퀘이사를 별로 볼 수 없는 이유는, 훨씬 더 시간이 지나서 바라보고 있기 때문이다. 블랙홀이 포식을 마친 뒤 말이다. 까마득한 과거를 들여다보면 우리를 보게 될 것이다.

리처드 그럼 우리는 과거로부터 많은 것을 배울 수 있겠지.

퀘이사 그렇다. 하늘에 별이 즐비한 만큼 과거에는 지식이 즐비하다.

리처드 먼 길을 와 주어 고맙다. 인터뷰가 정말 즐거웠다.

퀘이사 고맙다.

0.17 반물질과의 인터뷰

리처드 좋은 아침이다. 찾아 주어 고맙다.

반물질 초대해 줘서 고맙다. 그런데 기록을 위해 먼저 짚고 넘어갈 게 있다. 난 양전자positron고, 양전자는 반전자antielectron다.

리처드 짚어 줘서 고맙다. 반물질antimatter이 뭔지 설명해 줄 수 있나?

반물질 그러려고 여기 왔다.

리처드 잘됐다.

반물질 입자에는 양전하와 음전하가 있거나, 혹은 전하가 전혀 없다는 걸 알고 있겠지?

리처드 알고 있다.

반물질 보손과 페르미온이 설명했듯이 우리에겐 스핀이 있고, 물론 우리 대다수는 질량을 지녔다는 것도.

리처드 광자는 질량이 없지?

반물질 그렇다. 나는 전자와 정확히 똑같은 질량을 지니고 있다. 하지만 다른 모든 속성은 정반대다. 내 전하는 전자의 전하와 크기가 같지만, 음전하가 아니라 양전하다. 나는 전자와 동시에 생성되었지만, 내 스핀은 전자의 스핀 방향과 정반대다. 다른 반입자와 마찬가지로, 반양성자는 양성자와 정확히 똑같은 질량을 지녔지만, 다른 속성은 정반대다. 양성자는 중입자 수가 +1인데, 반양성자는 중입자 수가 -1이다.

리처드 전에 인터뷰한 전자가 네 이야기를 했다. 너희 둘이 만나면 소멸되고 만다던데. 그 이야기를 좀 더 해 줄 수 있나?

반물질 물론이다. 입자가 그 반입자를 만나는 순간 서로 소멸되고, 더 가벼운 입자나 광자를 생성한다.

리처드 왜 그런가?

반물질 자연은 행동하길 좋아한다. 그리고 변화하길 좋아한다. 너의 별 친구가 에둘러 말한 적 있다.

리처드 어디 보자, 아, "자연계의 탈바꿈은 사막의 모래처럼 흔하고 당연하다".

반물질 이따금 이런 생각이 든다. 자연이 자유의지를 지녔다면, 만물이 만물과 상호작용을 하면서 완벽한 카오스 상태가 될 거라고. 우리가 이해하지 못하는 무슨 이유로 인해 자연계에는 어떤 질서가 있다. 무조건 따라야만 하는 일련의 법칙 말이다. 그런 법칙이 어떤 과정은 용납하지 않는다. 다만 용납되는 한에서만 상호작용과 소멸과 생성이 이루어진다.

리처드 좀 더 구체적으로 말해 달라.

반물질 여기 몇 가지 규칙이 있다. 전하 보존, 스핀 보존 등등. 예를 들어 너는 전하 하나만 만들어 낼 수 없다. 전하보존법칙에 위배되기 때문이다. 하지만 전자와 양전자를 만들어 낼 수는 있다. 그러면 전체 전하가 0이 되기 때문이다.

리처드 너희 둘은 방향이 서로 반대인 스핀을 지녔는데, 그것도 역시 더하면 0이 되겠구나.

반물질 그렇다. 그래서 입자와 반입자가 만들어질 때 전하와 스핀이 보존된다. 소멸도 마찬가지로, 전하와 스핀이 보존됨으로써 자연의 어떤 법칙도 위배하지 않고 상호작용이 총력을 다해 진행된다.

리처드 그럼 네가 전자 가까이 가면 자진 소멸되나?

반물질 너의 전자 친구가 말했듯이, "그걸로 끝이다".

리처드 모든 입자에 반입자가 있나?

반물질 그렇다. 쿼크에는 반쿼크가 있고, 중성미자에는 반중성미자가 있고…….

리처드 그럼 반물질은 이론으로 추정한 게 아닌가?

반물질 전혀 아니다. 실험실에서 실제로 늘 만들고 있다.

리처드 그건 몰랐다.

반물질 그렇다고 반물질로 의자나 바구니를 만들고 있다는 이야기는 아니다. 입자를 만든다는 이야기다. 실제로 CERN에서 반수소 원자를 여러 개 만든 적 있다. 너의 전자 친구가 CERN에 대해 그리 유쾌하지 않은 기억을 지닌 게 생각난다.

리처드 설마 반의자, 반바구니를 만들겠나. 하지만 그게 커다란 에너지원이 될 수 있을 것 같다.

반물질 잡아 가둘 일이 골칫거리다.

리처드 반물질이 주위 물질을 소멸시키지 않도록 가두는 게 문제란 말인가?

반물질 아니, 스스로 소멸되지 않도록 가두는 것 말이다.

리처드 아.

반물질 네가 말한 것도 문제는 문제지만, 가능하긴 하다.

리처드 어떻게?

반물질 너의 중성자 친구가 말했듯, "자기장은 노련한 외과의사 손처럼 전자의 속도는 그대로 두고 방향만 바꿀 수 있다". 이 말은 전하를 가진 모든 입자에 해당하기 때문에, 바로 이 자기장으로 반물질을 포획해서 좁은 지역에 가둘 수 있다.

리처드 그걸 자기병이라고 부른다던데?

반물질 그렇다. 그걸 이용해서 입자를 가둘 수 있다.

리처드 물질-반물질 로켓엔진이란 말을 들은 적 있다.

반물질 NASA에서 만든 게 아니라, 추측이다. 이론적으로 가능하다는.

리처드 반물질 추진력이 지금 사용하는 액체나 고체 연료 추진력보다 강할까?

반물질 실현만 된다면 훨씬 더 많은 에너지를 이용할 수 있고, 공간도 많이 차지하지 않을 거다. 가둠의 문제만 해결하면 우주는 인간의 것이 될걸?

리처드 네가 말하는 가둠이란 어떤 의미인가?

반물질 진실을 알아내려면 추진력 이상이 필요하다.

리처드 그야 그렇겠지. 그런데 궁금한 게 또 있다. 양전자인 네가 반양성자를 만나면 반수소 원자가 될 수 있다던데?

반물질 그렇다. 사실 방출된 빛을 보고서는 그게 수소인지 반수소인지 구별할 수 없다.

리처드 반수소는 수소와 똑같은 스펙트럼선을 방출하나?

반물질 물론이다.

리처드 그럼 반물질들이 모여서 더 큰 물질이 될 수도 있나?

반물질 그렇다. 모여서 별이나 은하가 될 수도 있다. 인간이 볼 수 있

는 은하 일부, 혹은 우주의 큰 부분이 반물질로 이루어졌으리라고 추측되고 있다.

리처드 증거는 있나?

반물질 물리적 증거는 없지만, 이론적인 주장이 여럿 있다.

리처드 어떤 주장인가?

반물질 대칭을 이용함으로써 인간은 자연을 이해하는 데 엄청난 진보를 이룩했다. 과학자들의 믿음에 따르면 자연에는 많은 대칭이 있는데, 그중 일부는 볼 수 있고, 일부는 숨겨져 있다.

리처드 앞서 윔프가, 그러니까 뉴트랄리노가 말한 그 대칭?

반물질 그렇다. 그런 대칭도 있고, 다른 대칭도 있다. 반입자가 입자만큼 양호하다면 우주에 물질만 많고 반물질은 적을 이유가 있을까? 대칭을 고려하면 물질과 반물질의 양은 동일하다고 믿을 수밖에 없다.

리처드 그렇게 양이 동일하면 물질과 반물질이 서로를 소멸시키지 않을까?

반물질 그런 문제를 숙고하기 위해 우리가 여기 있는 건 아니잖나.

리처드 그야 그렇지만.

반물질 암튼 우주 초창기에 물질과 반물질의 양은 거의 동일했지만,

시간이 지나면서 불균형이 조금씩 커져 현 상태에 이르렀다고 대개들 믿는다. 하지만 다른 가능성도 있다.

리처드 다른 가능성이 항상 존재함을 믿게 됐다.
반물질 그렇다니 기쁘다.

리처드 다른 가능성은 무엇인가?
반물질 전체 우주에 물질과 반물질의 양이 동일한데, 우리가 우연히 물질 은하에 속해 있다고 보는 거다. 전체가 반물질로 이루어진 은하들이 존재한다면, 평균적으로 볼 때 물질과 반물질의 양이 동일할 수 있다.

리처드 어떤 은하 전체가 반물질인지 아닌지 알 수는 없나?
반물질 물질 은하와 충돌하기 전에는 알 수 없다.

리처드 만일 충돌하면?
반물질 굉장하지.

리처드 어떻게?
반물질 어마어마한 에너지가 방출된다.

리처드 얼마만 한 에너지를?
반물질 하나의 퀘이사가 수억 년 동안 방출하는 만큼.

리처드 알겠다. 다른 걸 물어봐도 될까?
반물질 그러라고 내가 여기 있다.

리처드 반입자의 속성은 입자와 반대다. 질량 이외의 모든 것, 그러니까 전하도 반대, 스핀도 반대다.
반물질 그렇다.

리처드 그런데 질량은 반대가 아닌 이유가 뭔가? 다시 말해서 음의 질량을 갖지 않는 이유가 뭔가?
반물질 그건 말해 줄 수 없다. 다만 음의 질량 입자는 전혀 다른 존재라는 사실만은 말해 줄 수 있다.

리처드 그런 게 존재하나?
반물질 인간이 관측한 적은 없지만, 이론적으로는 존재할 수 있다.

리처드 음의 질량 입자와 양의 질량 입자는 서로 반발하나?
반물질 아니다.

리처드 아니라고?
반물질 그렇다. 음의 질량 입자는 양의 질량 입자를 뒤쫓는다. 서로 아주 빠르게 질주한다.*

리처드 흥미로운 사실이다.

반물질 그뿐만이 아니다. 네가 연필을 집어 들고 벽에 내던지면 어떻게 될까?

리처드 벽에 부닥쳐 떨어지겠지.

반물질 그렇다. 그건 벽이 연필에 힘을 행사해서 날아가는 속도를 감속시키기 때문이다.

리처드 그렇지.

반물질 그럼 이제 음의 질량을 지닌 연필이 벽에 부닥쳤다고 가정해 보자. 질량이 음이라는 것은 가속이 반대 방향으로 이루어진다는 뜻이다. 그래서 벽에 부닥치면 가속이 되어 벽을 관통한다.*

리처드 믿기지 않는다.

반물질 그러겠지만, 다음에 어떻게 될지 상상해 보자. 꽤 빠르게 나아가고 있는데 또다시 벽에 부닥치면, 또다시 가속되어 실제로 그렇게 움직이게 된다.

음양 질량의 척력과 인력

양의 질량은 모든 것을 끌어당기고, 음의 질량은 모든 것을 밀어낸다. 양의 질량은 음의 질량도 끌어당기는데, 음의 질량은 양의 질량을 밀어내기 때문에 서로 꼬리를 물고 질주하게 된다.

음의 질량과 가속도

$F=ma$, $a=F/m$. 여기서 만일 m이 음의 질량이거나 음의 에너지일 경우, $a=F/m=F/-|m|=-F/|m|$, 따라서 가속도 a와 힘 F의 방향은 반대가 된다. 즉, 뒤로 밀면 앞으로 나아가고, 정지시키려고 하면 속도가 더 빨라진다.

리처드 벽이 고강도 강철로 이루어졌다면?

반물질 그러면 연필에 가해진 힘이 더 커지고 가속도도 더 커진다. 물론 연필은 부서지겠지만, 관통할 가능성은 얼마든지 있다.

리처드 설마 지금 가둠 문제를 이야기하고 있나?

반물질 그렇다. 모든 음의 물질은 본질적으로 모든 것을 밀어낸다. 음의 물질을 발견하지 못하는 것도 그 때문이다. 군대에서는 음의 물질에 대한 관심이 지대해서, 철갑 관통 물질이라는 말까지 만들어 냈다.

리처드 내가 제대로 이해했는지 확인해 보자. 반물질은 실제로 존재하고, 실험실에서 만들어 내기도 했고, 양의 질량을 지녔으며, 추진력을 얻는 데 이용할 수 있다. 음의 질량은 반물질과 다르고, 관측된 적도 없다.

반물질 바로 그거다.

리처드 잘 설명해 줘서 고맙다.

반물질 천만에.

0.18 철 원자와의 인터뷰

리처드 여기까지 오는 데 아주 오래 걸렸다고 알고 있다.

철 원자 그렇다. 나는 거의 100억 년 전에 아주 무거운 별에서 생성되었고, 초신성 폭발 후 우주 공간으로 방출되었다.

리처드 지루한 여행을 했을 것 같다. 탄소 원자가 이렇게 말했다. 초신성 폭발 후 "수천 년이 하루처럼 금세 지나고, 수백만 년, 아니 수십억 년이 흘렀다. 어느새 나는 다시 아무런 변화가 없는 단조로운 일상에 콕 박히고 말았다. 고향에서 까마득히 멀리 떨어져, 뜨겁게 달아올랐던 처음의 환경과는 너무나 다른, 차갑고 우울하게 펼쳐진 광막한 시공에 널브러지게 된 거다. 가장 가까운 이웃인 수소 원자들과도 너무나 멀리 떨어져서 소통이 불가능했다".

철 원자 아니, 전혀 지루하지 않았다. 나는 경이로운 여행을 했다.

리처드 이야기해 줄 수 있나.

철 원자 너무나 빨리 우주를 누비고 다닌 바람에 내 전자들이 손에 땀을 쥐었을 텐데, 나는 매 순간, 아니 매 천년을 즐겼다.

리처드 무엇을 보았나?

철 원자 당시 우주는 요즘과 사뭇 달랐다. 은하는 더 작았고, 별은 더 밝았다. 공기는 한결 더 맑았고, 서로 함께한다는 느낌이 지금보다 더 강했다.

리처드 공기가 더 맑았다고?

철 원자 말하자면 그렇단 소리다. 우주는 젊었고, 대다수 물질이 은하들 안에 함께 둥지를 틀었다. 초신성 폭발이 많이 일어나진 않아서, 은하계 사이의 물질이 지금보다 적었다.

리처드 알았다. 함께한다는 느낌, 그건 우주가 그리 팽창하지 않았기 때문인가?

철 원자 그렇다. 세월이 흐르면서 나는 경이로운 광경을 숱하게 보았는데, 그중 상당수는 이해가 되지 않았다. 암흑의 천체들은 너무 작아서 심장박동처럼 꾸준히 맥동할 수 있는 에너지가 없었다.* 별들은 어디에도 보이지 않는 짝별들 주위를 미친 듯이 선회했고, 방대한 수소 구름은 붕괴를 모의하는 속삭임들로 가득했고, 반항적인 물질은 중력의 속박을 뿌리치고 탈출했다.* 나는 눈에 보이는 모든 것에 탄복했지만, 곧 환희의 날들을 접어야 할 때가 닥쳐오리라는 불길한 예감이 들었다.

리처드 그래서 어떻게 되었나?

블랙홀과 심장박동

블랙홀 주위 물질은 블랙홀로 빨려 들어가며 높은 온도로 가열되어 X선을 방출하는데, 그 X선 패턴이 심장박동과 비슷하다. 특히 태양 질량의 3분의 1에 불과한 초소형 블랙홀은 심전도를 통해 보이는 심장박동과 비슷하게 5초마다 한 번씩 박동하는 것으로 나타났다. 작은 블랙홀일수록 박동 신호가 빠르다.

중력 탈출 속도

지구의 중력 탈출 속도는 초속 11킬로미터. 태양은 초속 618킬로미터. 탈출 속도가 빛의 속도인 초속 30킬로미터를 넘는 천체가 블랙홀이다.

철 원자 고작 10억 년쯤 지난 후, 나는 은하의 중심을 향해 직진하고 있음을 알았다. 그 심장부로 나를 부르는 부드러운 손길을 진작에 느끼긴 했다.

리처드 그다음엔?

철 원자 설마 그렇게 될 줄 몰랐지만, 상황이 갈수록 악화되는 듯했고, 나는 처량한 몰골을 면할 수가 없었다. 은하에 접근하자 가속되기 시작한 나는 빛을 조금 흡수하고 전자 두 개를 잃었다.

리처드 양이온이 되었단 소린가?

철 원자 그렇다. 하지만 아이러니하게도 그 덕분에 구조되었다.

리처드 어떻게?

철 원자 그러니까 전자를 잃고 이온화되자마자, 은하에서 나를 떼어내는 원심력을 느꼈다. 그리고 나도 모르는 사이에 은하 둘레 궤도를 돌고 있었다. 나는 그 장엄한 분위기를 즐기기 시작했다.

리처드 어떻게 그럴 수 있었나?

철 원자 은하는 자기장을 지녔고, 자기력이 한동안 나를 궤도에 머물게 했다.

리처드 한동안? 그럼 다음엔 어떻게 되었나?

철 원자 나는 뜬금없이 다른 원자와 마주쳤다. 녀석이 다가오는 것도 보지 못했는데, 어느새 나는 전자 두 개와 여행할 수 있는 힘을 회복했다. 중성이 되자마자 자기장을 느낄 수 없었지만, 은하가 붙잡고 있을 수 없을 만큼 빨라졌다. 새로운 방향으로 박차고 나아간 나는 우주를 누비는 여행을 계속했다.

리처드 여행이 흥미진진했나 보다.

철 원자 다른 폭풍을 몇 번 더 헤치고 나아가야 했지만, 결국 잔잔한 바다를 발견했다. 그때 나는 바람을 잃었음을 알았다.

리처드 그게 무슨 뜻인가?

철 원자 속도가 떨어졌단 뜻이다.

리처드 우주 공간을 누비다가 그냥 속도가 떨어졌다고?

철 원자 내게 아무런 힘도 작용하지 않으면 나는 원래의 속도로 무한히 계속 나아간다. 하지만 이따금 다른 원자나 티끌 같은 거대한 물체와 충돌하다가 속도가 떨어졌다. 웬 충돌이 이렇게 잦나 싶었는데, 알고 보니 탄생의 춤을 출 만큼 많은 입자와 수소가 한데 모이고 있었다.

리처드 우리 태양계 탄생 말인가? 탄소 원자 친구가 이야기한?

철 원자 그렇다. 그녀는 태양계 탄생에 대해 아주 흥미로운 견해를 지니고 있었다. 나는 운이 좋았다. 너희 지구가 형성되고 또 새롭게 형성되는 동안, 나는 표면에 아주 가까이 있었지만 그런 사실을 알지는 못했다. 탄소 원자는 이렇게 말했다. "그때 순식간에 나는 딴딴한 철과 무기물 공에 폭 파묻히고 말았다. 그 혹독한 어둠 속에서는 시간을 가늠할 수가 없었다. 오갈 데 없는 나를 사방팔방에서 영원토록 밀치락달치락할 뿐이었다". 왜 그런 말을 했는지 이해된다.

리처드 다음엔 어떻게 되었나?

철 원자 발굴 현장의 고고학자처럼, 섬세한 시간의 손가락이 풍우의 강력한 손에 가세해서 흙의 장벽을 조심스레 쓸어 냈다. 그리고 마침내 나는 노출되었다. 너희 지구의 경이롭지만 위험한 환경에 말이다.

리처드 침식작용으로 표면에 이르렀단 뜻인가?

철 원자 그딴 식으로 말할 수도 있겠다.

리처드 위험하다는 건 뭔가?

철 원자 산소다. 네가 산소를 어떻게 생각하는지 잘 알지만, 우리에게 산소는 기생충 같은 녀석이다. 한번 주둥이를 박았다 하면 절대 놓아주지 않고 계속 진을 빼서 사람을 무너뜨리는 기생충 말이다.

리처드 녹이 스는 거 말인가?

철 원자 그딴 식으로 말할 수도 있겠다.

리처드 우리에겐 필수원소가 너에겐 원수구나.

철 원자 그렇다. 하지만 전혀 새로운 모험이 예비되어 있었다. 내가 별들을 누비고 다니며 목격한 온갖 사건과 전혀 다른 일에, 결코 생각지 못한 방식으로 동참하게 되었다.

리처드 어떤 일에?

철 원자 오만 가지 일에 동참했다.

리처드 예를 들어?

철 원자 처음 기억하기론, 우리 다수가 납작하게 두들겨 맞고 한복판에 구멍이 하나 뚫렸다. 너희 조상 가운데 하나가 가죽끈을 그 구멍에 끼우더니 우리를 목에 걸었다. 그들은 우리를 신봉했다. 우리가 그들을 지켜 주고, 대지와 하늘의 신들을 이해하는 데 도움을 준다고 생각했다.

리처드 목걸이가 되었구나?

철 원자 그렇다. 내가 그들을 이해하기 시작할 무렵, 그들도 나를 이해하기 시작했다. 그때 내 평생 가장 행복했지 싶다.

리처드 그리고 어떻게 되었나?

철 원자 너희 종족의 또 다른 면을 보았다. 나를 간직했던 사람들은 결국 학살당했다. 당혹스럽게도 상당 부분 내 탓이었다.

리처드 왜 네 탓인가?

철 원자 경이로운 그 사람들은 철을 사랑했다. 보석 장신구, 식기, 조

악한 쟁기를 만들 때도 철을 썼다. 이른바 철기시대의 여명이었다. 하지만 그들의 문화가 막 저물어 가고 있었다. 사람들은 곧 철이 청동보다 단단함을 알게 되었고, 나를 비롯한 많은 철이 원시적인 화로 안에 던져져 빨갛고 부드럽게 달궈졌다. 망치질을 당해서 견고하게 모양이 잡혔을 때, 내 흥겨운 기대는 내 온도처럼 곤두박질치고 말았다.

리처드 어떻게 되었기에?

철 원자 나는 또 다른 보석 장신구나 그릇, 하다못해 쟁기라도 되길 바랐지만, 생명을 보존하는 것과는 전혀 무관한 게 되고 말았다.

리처드 무엇이 되었나?

철 원자 검이 되었다. '그 혹독한 어둠 속에서 나를 사방팔방에서 영원토록 밀치락달치락할 뿐'인 평생을 보내는 편이 차라리 더 나았을 것이다. 그 당시 내가 했던 짓을 계속하느니 말이다. 검이라니, 맙소사, 냉혹한 검이라니!

리처드 우리가 좀 폭력적인 시기를 거친 게 사실이다.

철 원자 거쳤다고? 그때 이래 세월이 가면 갈수록 악화되기만 했다고 확언할 수 있다. 지금까지 25세기 동안 말이다!

리처드 유감이다.

철 원자 그래, 나도 안다. 암튼 아이러니irony에는 내가iron 많다. 산소는 내게 심각한 타격을 가하고 나를 구했다. 한때 소름 끼치는 전리품이었던 검은 녹이 슬어 사용 불능이 되었다. 많은 철 원자가 산소와 강제로 결혼해 떨어져 나갔지만, 우린 그 참혹한 무기가 망가진 모습을 보고 마냥 기뻤다.

리처드　다음엔 어떻게 되었나?
철 원자　땅에 떨어진 뒤 운명의 날이 머지않았음을 알았다. 중성미자의 흐름처럼 물이 나를 스치고 지나갔지만, 중성미자와 달리 산소는 나를 낚아채기 좋아해서 나는 산화철 분자가 되었다.

리처드　안됐다.
철 원자　그게 또 아이러니였다. 그런 운명을 두려워하며 평생을 보냈건만, 알고 보니 분자의 삶이 오히려 안락했다. 일종의 아이러니한 은퇴 아닐까 하는 생각도 들었다.

리처드　역경을 즐기는 능력을 지닌 듯하다.
철 원자　참혹한 죽음의 무기 시절만 빼면 그렇다.

리처드　다음엔 어떻게 되었나.
철 원자　결국 지구 표면의 일부가 되었다. 표토라고 부르는 것 말이다. 나는 너희가 씨를 뿌리고 수확하는 모습을 지켜보았다. 지진을 느꼈고, 너희 행성에서 만들어 낼 수 없을 줄 알았던 규모의 지독한 폭풍도 겪었다. 도로와 빌어먹을 댐이 건설되는 것을 보았고, 생명의 탄생과 죽음을 보았다. 그러다 은거지에서 나오라는 부름을 받았다.

리처드 그리고?

철 원자 초록 잎이 많은 뭔가에 흡수되었다. 시금치 같은 거 말이다. 그래서 젊은 여자한테 먹혔다.

리처드 그래, 우린 건강을 유지하기 위해 미량의 너를 필요로 한다.

철 원자 미량? 네 몸속에 있는 우리 숫자는 우주 전체 별들의 숫자보다 많다.

리처드 그럴 리가.

철 원자 네가 그럭저럭 건강해 보이는 걸로 봐서, 네 몸속에는 줄잡아 5×10^{22}의 철 원자가 들어 있다. 그보다 많으면 많았지 적진 않을 걸? 그건 우주 전체 별들의 숫자보다 많다. 혹시 적다고 해도 근사치는 될 거다. 그런데 우리는 건강 유지 이상의 역할을 한다. 우리 없이 인간은 살 수 없다.

리처드 그래, 네가 우리의 필수원소라는 건 알고 있다. 인체 속에서 살기가 어땠나?

철 원자 맨 먼저 나는 염산의 공격을 받아 우리의 산소 원자 셋 가운데 하나를 잃었다.[*] 그리고 조립라인에 합세했다.

리처드 조립라인?

음식물 속 철분은 삼산화이철Fe_2O_3 형식으로 소화기관에 들어와 강산인 위액(염산)에 의해 저가철로 변한 뒤 흡수된다. 참고로, 지각 중량의 5%, 지구 전체 중량의 35%가 철이다.

철 원자 그런 느낌이었단 소리다. 나는 헤모글로빈 분자와 한통속이 되어, 허파에서 조직까지 산소를 운반하고 이산화탄소를 허파로 보냈다. 오랜 세월 원수였지만 이젠 동맹이 된 산소를 위한 택시 기사가 된 거다. 아이러니가 아닐 수 없다. 그 과정에서 묘한 활동도 좀 했는데, 꿈에도 생각지 못한 아주 복잡한 일이었다. 생각보다 훨씬 까다로웠다.

리처드 알고 보니 운송업이 고되더란 이야기?

철 원자 하긴 불을 쬐려면 먼저 땔감을 구하란 말도 있다.

리처드 우리에게 없어서는 안 되는 원소인 철이 아득히 먼 과거에 아득히 먼 곳에서 융합에 또 융합을 통해 형성되어, 아주 험악한 폭발로 우주 공간으로 방출되었다니, 참 흥미진진한 이야기였다.

철 원자 목적이 분명한 재생이었지.

리처드 그다음엔?

철 원자 '한없는 슬픔이 해일처럼 덮쳤다'던 탄소 원자의 말이 생각난다. 몇 달 동안 경이로운 활동을 한 뒤 나도 그런 기분이었다. 우린 인체를 떠나 다시 땅으로 돌아갔다. 삶의 묘미를 즐기고 이제 생기를 잃을 운명인 줄만 알았는데, 내 생각이 틀렸다.

리처드 무슨 일이 일어났나?

철 원자 한두 세대를 땅에서 보냈지만, 여러 세기가 흐르면서 나는

TAXI
EXIT

환생의 고리 속에서 회귀했음을 알게 되었다. 은하계의 방랑자에서 활기찬 산업 역군에 이르기까지 엄청난 변화를 겪은 거다.

리처드 알겠다. 다음엔 어떻게 되었나?

철 원자 어느 시점엔가 나는 깨끗이 씻겨 옛 동료들과 합세했다. 회귀하기 전, 나는 다시 화로에 들어갔다. 마그나카르타*가 제정될 무렵, 그 역사적인 현장에서 불과 100여 킬로미터 떨어진 곳에서, 나는 쥐덫이 되었다.

리처드 쥐덫이라니. 800년 전에도 쥐덫이 있었는지 몰랐다.

철 원자 나로선 다행히도 쥐덫이 허술했다. 중세의 쥐가 워낙 영악했는지 포획률이 저조해서, 나는 다시 용광로로 돌아갔다. 그리고 긴 곡선의 뭔가가 되어 두꺼운 떡갈나무 문짝 외부에 부착되었다.

리처드 문손잡이가 되었구나?

철 원자 그렇다. 나는 수많은 손길을 느꼈고, 가족이 아이들을 기르는 것을 지켜보았고, 탄생의 기쁨과 쓸쓸한 죽음의 고뇌를 바라보았다. 거기서 무척 행복했지만, 산업 진보의 손가락이 다시 나를 거머쥐었다.

마그나카르타 Magna Carta. 대헌장Great Charter이란 뜻이다. 1215년 영국의 독선적인 존 왕에 맞서 영주들이 반란을 일으킨 결과, 왕이 국민의 자유와 권리를 인정하여 반포한 헌장이다. 자유민을 함부로 체포·구금할 수 없고, 그 권리나 소유물을 박탈하지 못하며, 피고는 시민 배심원단에 의한 정당한 판단을 받을 권리가 있다는 등, 세계 초유의 근대적 인권 조항이 담겨 있다.

리처드 어떻게 되었나?

철 원자 용광로가 발명되었다. 덕분에 너희 인간은 사실상 최초로 쇠를 녹일 수 있었고, 이제 나를 여러 가지 복잡한 형태로 만들 수 있었다. 1500년대 무렵 유럽은 해마다 철과 강철을 5만 톤 이상 생산했다.

리처드 그럼 너는?

철 원자 나는 원시적인 잠금 장치가 되어 너희 종족만이 일으킬 수 있는 일련의 사고에 강제 동참했다.

리처드 그게 무엇이었나?

철 원자 나는 주로 금괴나 다이아몬드 형태의 탄소, 귀금속이라고 부르는 잡동사니를 담은 상자를 잠그는 구실을 했다. 수 세대에 걸쳐 사람들은 그것을 탐내며 싸움을 일삼고 음모를 꾸미면서, 때때로 그것 때문에 살해되었다. 당황스럽게도, 그 안에 담긴 게 결코 사용되지 않고, 심지어 낮에 밖으로 나오는 법도 없었다. 그것을 소유하리란 기대 속에서 평생 비참하게 사는 사람이 허다했다.

리처드 너는 일개 원자치고 참 흥미롭게 살아온 게 분명하다.

철 원자 흥미로운 것 이상이다. 한동안 스페인에 있었는데, 어떻게 된 영문인지도 모르고 돛배에 실려 신세계로 향했다.

리처드 초기 탐험가들이 남·북아메리카 원주민들과 무역을 하거나 때로 단순 노략질을 하곤 했다.

철 원자 난 그런 일에 끼어들지 않았다.

리처드 무슨 일이 있었나?

철 원자 내가 알기론 노스캐롤라이나 근처 어딘가에서 배가 닻을 내렸다. 썰물이 지자 배가 바다 밑바닥에 닿았는데, 선체가 온전치 않았다. 배가 육지에 이르렀다는 사실을 안 것은 물고기뿐이었다.

리처드 해안에서 좌초했단 이야긴가?

철 원자 좌초한 정도가 아니었다. 완전히 파손되어 흩어지고 남은 잔해가 불운한 임무의 마지막 발자국을 찍었다.

리처드 너는 해저에 가라앉았나?

철 원자 가라앉았다기보다는 즐거운 모험이었다. 하지만 바닷물이 내 상자를 부식시키자, 앞일이 조금씩 걱정되기 시작했다. 하지만 또다시 사람들이 나를 구했다.

리처드 어떻게?

철 원자 고깃배 그물에 걸려 떠올랐다. 그런데 좌초할 때 충격을 받은 상자 경첩이 빠져 버려서, 그물에 걸려 출렁이는 바닷물을 가르고 떠오를 때 내용물을 조용히 해저에 쏟아 버렸다. 어디도 가리키지 않는 거인의 손가락 같은 보석의 길을 해저에 남기고 말이다.

리처드 어부가 너를 보관했나?

철 원자 아니다. 그물 속에서 발견되었을 때 뭐라고 쩌렁쩌렁한 소리가 들리더니, 난 바로 재활용통 속으로 직행했다.

리처드 용광로로 돌아간 건가?

철 원자 알고 보니 미국 펜실베이니아 주의 제철 공장이었다. 나는 과거보다 훨씬 더 가열되고 제련되었다. 적정량의 탄소를 함유시키는 방법으로 제련되어 수술용 메스로 이용되는 고강도 강철이 되었다.

리처드 대단하다. 검이 되어 실망스러웠던 과거가 생명을 구하는 희망찬 날들로 바뀌다니.

철 원자 우린 생명을 구한 게 아니었다. 캘리포니아에서 너무 많이 먹은 사람들의 지방을 제거하는 데 쓰였다.

리처드 아.

철 원자 그것도 오래가지 않았다. 변호사가 외과의사보다 더 날카로운 도구를 지니고 있었다.

리처드 그게 무슨 뜻인가?

철 원자 외과의사가 얼굴에 불의의 상처를 남기는 바람에 거액의 손해배상을 물게 되어 수술 도구를 원가에 팔아 치웠다. 그때 마침 너의 인터뷰 소문을 듣고 최대한 빨리 여기로 왔다.

리처드 들러 주어 고맙다. 앞으로 계획은 있나?

철 원자 그렇다. 뉴저지에서 구리와 셀레늄, 아연 등의 원소뿐만 아니라 나를 필요로 한다는 소문을 들었다. 산소 둘을 붙잡아 서둘러 그리 갈 계획이다.

리처드 거기서는 무슨 일이 일어나고 있나?

철 원자 비타민 알약 제조업자가 비타민에 무기물을 좀 더 보충해 넣을 계획이라고 한다. 뜬금없는 일인지 모르지만, 인생에 목표가 있다는 건 좋은 일이다.

리처드 동의한다. 여행에 행운이 깃들기를 바란다.

철 원자 고맙다. 행운을 빈다.

0.19
뮤온과의
인터뷰

리처드 들러 주어 고맙다. 어렵게 짬을 냈다고 알고 있다.

뮤온 그렇다. 나는 수명이 짧아서 언제 훅 갈지 모른다.

리처드 자기소개를 해 달라.

뮤온 나는 우연히 발견되었다. 뭐, 당시 많은 위대한 발견이 사실상 우연히 이루어졌지만.

리처드 어떻게 발견되었는데?

뮤온 1930년대 유카와 히데키湯川秀樹가 참신한 아이디어를 냄으로써 시작되었다. 그는 자연의 새로운 모습을 엿보았다. 베일을 벗고 아름다움을 선보일 자연의 새로운 얼굴 말이다.

리처드 좀 더 이야기해 달라.

뮤온 핵력을 이해하고자 한 유카와는 파이온이라는 질량 입자를 교환함으로써 강력이 발생한다고 추론했다.

리처드 그래, 보손과 쿼크가 교환 입자 이야기를 했다.

뮤온 유카와가 그런 생각을 싹 틔운 거다.

리처드 교환 입자는 다 질량이 없는 줄 알았다.

뮤온 교환 입자에는 두 종류가 있다. 글루온, 광자, 중력자처럼 질량이 없는 것과, W입자와 Z입자처럼 질량이 있는 것이 그것이다. 질량이 없는 입자는 장거리에 작용하는 힘, 곧 중력이나 전자기력처럼 거리의 제곱에 반비례하는 힘을 매개한다. 질량이 있는 교환 입자는 강력과 약력처럼 원자핵 크기보다 작은 단거리에서만 작용한다.

리처드 왜 그런가?

뮤온 이들 교환 입자는 가상 입자임을 유념하라. 이들은 에너지보존법칙에 위배되기 때문에 오래 존재할 수 없다.* 먼 거리를 이동할 수 없다는 뜻이다. 입자들이 아주 가까이 있을 때만 힘이 작용한다.

리처드 질량보존의법칙에 위배된다면서 오래 존재할 수 없다는 건 무슨 뜻인가?

뮤온 진공과도 인터뷰할 계획이라고 알고 있는데, 그때 설명을 들을 수 있을 거다. 지금은 다만 이것만 기억하라. 교환 입자가 무거울수록 여행 거리가 짧고, 힘이 미치는 거리도 짧다.

리처드 알겠다. 너는 어디에 해당하나?

뮤온 아까 말했듯이 유카와가 교환 입자의 존재를 예견했다. 핵력의 작용 범위를 알기 위해 그는 계산을 했다. 그 교환 입자는 전자 질량의 약 200배에 해당하는 것으로 나타났다. 과학자들은 이런 질량을

에너지보존법칙과 불확정성원리

가상 입자의 에너지보존법칙 위배는 불확정성원리로 설명된다. 불확정성원리에 따르면 아주 짧은 시간 큰 에너지를 빌려 쓸 수 있다. 빌린 에너지가 클수록 더 빨리 돌려줘야 한다.

가진 입자를 찾기 시작했다. 그래서 어떻게 됐을까?

리처드 어떻게 됐나?

뮤온 내가 발견되었다. 그런데 이내 딱 하나의 문제가 발생했다. 내가 강한 상호작용을 하지 않았던 거다. 나는 약한상호작용만 했다. 정치적 만찬의 음식처럼 실망감이 확산되었다. 먹고 싶지도 않은 음식에 엄청 비싼 요금을 치르는 그런 만찬의 실망감 같은 것 말이다.

리처드 네가?

뮤온 그렇다. 그리고 1940년대에 마침내 파이온이 발견되었다. 유카와의 주장을 좀 개선할 필요가 있긴 했지만 이미 자갈이 깔렸고, 곧 신작로가 건설되었다. 한편 나는 수수께끼의 존재가 되었고, 사람들은 내가 우주에서 어떤 역할을 하는지 궁금해하기 시작했다.

리처드 어떤 역할을 하나?

뮤온 전혀 안 한다. 그저 약 2.2마이크로초 동안 존재하기만 한다. 그리고 붕괴해서 전자와 중성미자가 된다. 나를 그냥 무거운 전자라고 생각해도 된다. 나는 전자와 똑같은 전하를 지녔고, 똑같은 힘—똑같은 전자기력과 약력—의 영향을 받는다.

리처드 그렇게 수명이 짧다면 너는 어디서 왔나?

뮤온 우리는 상층 대기권에서 항상 생성되고 있다. 하지만 거기에도 흥미로운 이야깃거리가 있다.

리처드 그게 무엇인지 말해 달라.

뮤온 나는 거의 빛의 속도로 여행한다. 하지만 2.2마이크로초밖에 살지 못하니까 멀리 여행할 수가 없다.

리처드 얼마나 멀리?

뮤온 빛의 속도에 내 수명을 곱한 값이다.

리처드 어디 보자……, 650미터?

뮤온 맞다. 문제는 우리가 5천 미터 이상의 상공에서 생성된다는 거다. 그래서 2.2마이크로초 안에 지표까지 올 수가 없는데도, 우린 지표에서 관측된다.

리처드 어떻게 그게 가능하지?

뮤온 길이 수축.

리처드 아, 아인슈타인의 특수상대성이론에서 말한 대로?

뮤온 그렇다.

리처드 설명을 좀 해 달라.

뮤온 1미터짜리 막대가 있다고 하자. 그 길이가 얼마지?

리처드 1미터가 1미터 아닌가?

뮤온 아닐 수 있다.

리처드 말도 안 돼.

뮤온 네 앞에 정지된 1미터짜리 막대가 있다면, 그 길이는 1미터로 측정된다. 하지만 빛의 2분의 1의 속도로 네 앞을 지나간다면, 그 길이는 87센티미터로 측정된다. 빛의 0.99배 속도로 지나가면 길이는 14센티미터에 지나지 않게된다.

리처드 잠깐. 그러고 보니 전자가 한 말이 생각난다. "처음에 그 인간들은 27킬로미터나 되는 원둘레를 마냥 뺑뺑이 돌게 했다. 우리는 거의 빛의 속도에 이를 때까지 계속 속도를 높였다. 그런 속도에서는 27킬로미터의 거리가 한 뼘도 안되었다".

뮤온 그래, 그게 바로 상대적 길이 수축이다. 그처럼 극단적인 수축이 이루어지려면 빛의 0.9999999999배 속도로 날아가야 했을 거다.

리처드 꽤 아이러니한 것 같다. 핵 안의 교환 입자를 찾다가 너를 발견했는데, 너의 존재가 아인슈타인의 특수상대성이론을 뒷받침했다니 말이다.

뮤온 옛 선원들의 조언이 생각난다. 어느 바다인지 따지지 말고 그저 계속 항해하라는.

리처드 한 가지가 헷갈린다.

뮤온 뭔가?

리처드 두 핵자 사이의 교환 입자는 질량이 있다고 유카와는 추론했는데, 페르미온과 보손의 말에 따르면 그 힘을 글루온이 매개한다. 그런데 아까 글루온은 질량이 없다고 하지 않았나.

뮤온 좋은 지적이지만, 페르미온이 말하지 않은 게 있다. 글루온을 교환함으로써 힘이 발생하긴 하지만, 쿼크 하나와 반쿼크 하나가 결합하면 파이온이 된다. 파이온은 결국 발견되었는데, 당시 그게 쿼크로 이루어졌다고 아무도 생각지 못했다. 하지만 그걸 알면 핵력의 많은 특성을 이해할 수 있다. 그러니까 기본 입자는 쿼크이고 기본 교환 입자는 글루온이지만, 쿼크는 파이온이 될 수 있어서, 보통 핵자 사이의 교환 입자를 파이온, 곧 파이중간자* 라고 생각하면 더 편하다.

리처드 이상하다.

뮤온 그건 네 생각이고, 우리가 보기엔 너무나 자연스럽다.

리처드 그 말이 맞겠지. 근데 정말 궁금한 게 또 있다.

뮤온 저런.

리처드 근년에 너에 관한 빅뉴스가 나왔다. 네가 표준 모형에 어긋날 수도 있다고 뉴트랄리노(윔프)가 말했다.

뮤온 어긋나지 않는다.

중간자 meson. 그리스어 mesos중간와 on입자을 결합한 조어. 유카와는 핵자 사이의 강력(강한 상호작용)을 매개하는 입자를 예견하고, 그 질량이 전자와 핵자 사이에 있는 입자라는 뜻에서 중간자라고 명명했다. 글루온과 파이온 모두 강력을 매개하는데, 글루온은 기본 입자인 보손이고, 파이온은 기본 입자인 페르미온(쿼크)이 합성된 입자다.

리처드　그러니까 너의 자기쌍극자모멘트에 대해 뭐라고 했는데, 그걸 설명해 줄 수 있나.

뮤온　물론이다. 질량을 지닌 모든 기본 입자는 자기쌍극자모멘트*를 지녔다. 작은 막대자석처럼 남극과 북극이라는 쌍극을 지닌 걸 쌍극자라고 한다.

리처드　알겠다.

뮤온　자석을 외부 자기장 안에 놓으면 자석이 자기장과 상호작용을 한다.

리처드　나침반 바늘처럼?

뮤온　바로 그거다. 상호작용의 종류가 다양할 순 있다. 표준 모형에 따르면, 자기쌍극자모멘트의 값을 실제로 예측할 수 있다.

리처드　그래서?

뮤온　오랫동안 그 예상치가 측정치와 일치했다. 네가 언급한 빅뉴스는 측정치와 예상치가 처음으로 다르게 나타났다는 뉴스였다. 측정이 옳다면 최고 이론인 표준 모형이 틀린 게 된다.

리처드　그래서 어쩌야 한다는 건가?

뮤온　무엇보다도 실험을 거듭해 봐야 한다. 실험이 옳다고 판명되

자기쌍극자모멘트 자기모멘트 또는 자기쌍극자모멘트는 입자나 물체가 자기장에 반응하여 돌림힘을 받는 정도를 나타내는 벡터량(크기와 방향을 지닌 물리량)이다.

면, 기본 입자에 관한 표준 모형이 뿌리째 흔들리게 된다.

리처드 표준 모형이 다 틀렸단 뜻인가?

뮤온 표준 모형은 많은 관측을 예견하는데, 입자 질량 등과 같은 많은 것을 또한 감안해야 한다. 그러니까 그건 뉴턴의 중력이론과 아인슈타인의 이론을 비교하는 것과 같다.

리처드 그게 무슨 뜻인가?

뮤온 뉴턴의 이론은 모든 행성과 혜성의 궤도, 지상의 수많은 현상을 또한 예측한다. 하지만 오랜 세월이 흐른 후, 마침내 충분히 많은 측정치가 모임으로써 뉴턴의 법칙과 실험 사이의 불일치를 정확히 드러낼 수 있었다.

리처드 수성 궤도의 경우처럼?*

뮤온 그렇다. 하지만 아인슈타인 이론의 핵심은 단지 작은 오차를 바로잡은 데 있지 않다. 아인슈타인의 이론은 자연을 기술하는 전혀 새로운 방식의 초석이었다는 게 중요하다. 타의 추종을 불허하는 아름다움과 단순성을 지닌 그 이론이, 결국에는 아주 탁월한 예견들을 이끌어 냈다는 것도 중요하다.

만유인력의법칙과 일반상대성이론의 불일치

수성과 천왕성은 뉴턴의 이론으로 계산된 궤도와는 약간의 오차를 보인다. 일반상대성이론으로는 그 불일치가 해결된다. 태양의 중력만이 아니라 중력장도 또 다른 에너지로 봄으로써 해결되었다.

리처드 예견의 예를 들면?

뮤온 블랙홀, 시간 여행, 빛의 휨, 우주의 팽창 가능성 등을 예견했다. 사실상 전체 우주를 설명할 수 있는 이론이었다!

리처드 알겠다. 오늘날 우리를 전적으로 새로운 물리학 세계의 전야로 이끌게 될 것은 무엇일까? 수성 궤도의 불일치를 알아낸 것과 같은 실험일까? 아니면 그런 불일치를 설명할 수 있는 이론의 수정일까?

뮤온 우린 오랫동안 그것을 논의해 왔다. 내가 말할 수 있는 것은…….

리처드 오, 맙소사! 뮤온, 뮤온……!

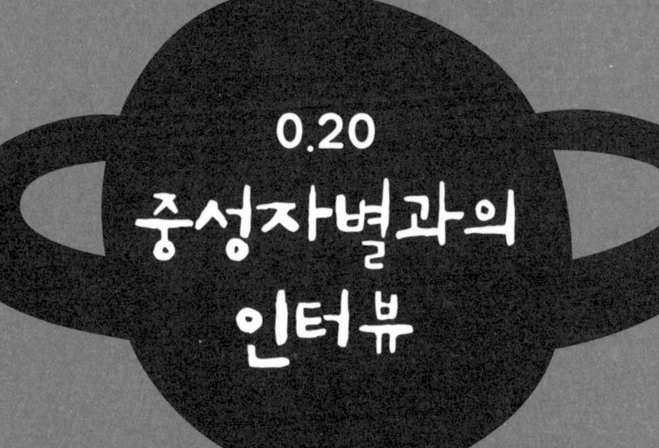

0.20 중성자별과의 인터뷰

리처드 좋은 밤이다. 만나서 반갑다.

중성자별 고맙다. 멋진 밤이다.

리처드 네가 어떤 존재인지, 중성자별이란 무엇인지에 대한 이야기로 시작하면 어떨까?

중성자별 좋다. 하지만 나를 별이라고 생각지 마라. 그렇다고 오해하진 마라. 그 이름을 싫어하진 않지만, 내 안에서는 융합이 일어나고 있지 않다. 나는 별이라기보다 거대한 핵을 더 닮았다. 다만 중성이라는 점만 빼고 말이다.

리처드 그럼 딱딱한 중성자들로 이루어졌나?

중성자별 오로지 중성자들로만 이루어졌다.

리처드 참 빡빡하겠다.

중성자별 견딜 만하다.

리처드 내 말은 부피당 밀도가 매우 높겠다는 뜻이다. 사실인가?

중성자별 차고 속으로 매초에 한 대씩 대형 차량을 집어넣는다고 상상해 보라.

리처드 내 차고는 그렇게 크지 않다.

중성자별 그럼 25년 동안 계속 매초에 한 대씩 집어넣는다고 상상해 보라.

리처드 아 정말, 내 차고엔 그럴 여유 공간이 없다니까.

중성자별 내 밀도에 이를 때까지 압축할 수 있다면 가능하다. 나만큼 밀도를 높인다면, 사실 세상의 모든 차를 네 손가락 부피 안에 욱여넣을 수 있다.

리처드 믿기지 않는다. 너는 어떻게 생성되었나?

중성자별 나는 초신성 폭발의 잔재다.

리처드 초신성이 무엇인지 설명해 달라.

중성자별 너의 태양이 한 설명에 이어서 말하고 싶다.

리처드 어디 보자. 그래, 우리 태양은 어떻게 수소가 헬륨이 되고, 어떻게 헬륨이 탄소가 되고, 다음에 어떻게 적색거성이 되고 백색왜성이 되는지 설명해 주었다.

중성자별 평화롭고 생산적인 활동을 멈춘 별은 최후의 장엄한 불꽃을 사르며 종말을 맞는다. 결국 그 불꽃은 너희 지구에 이르러 오랫동안 태양이 북돋았던 생명을 쓸어버리게 될 것이다.

리처드 그렇게 말할 줄 알았다.

중성자별 헬륨이 탄소가 되는 것에서 멈추길 바라는 건가?

리처드 어떡하면 그럴 수 있는지 궁금했다.

중성자별 그건 전체 질량 때문이다. 너희 별은 그런 결단을 내릴 만한 중력을 발휘할 수 없다.

리처드 결단이라니?

중성자별 융합 말이다. 질량이 더 큰 별에서는 탄소와 탄소가 결합해서 마그네슘이 되고, 탄소와 헬륨이 결합해서 산소가 되고, 산소와 산소가 결합해서 황이 되고, 산소와 헬륨이 결합해서 네온이 되는 등, 각각의 융합 과정에서 에너지를 방출한다.

리처드 그런 과정은 철이 만들어질 때까지 계속되나?

중성자별 그렇다. 금과 은 같은 일부 더 무거운 원소도 만들어지지만, 본질적으로 별의 내부는 펄펄 끓는 뜨거운 쇠공이다.

리처드 다음에는 어떻게 되나.

중성자별 문제가 생긴다. "별 내부에서는 끊임없이 전쟁이 벌어지고 있는데, 안쪽으로 붕괴하고자 하는 중력과 밖으로 자유롭게 튀어 나가려고 하는 복사압이 각축을 벌이는 거다". 별이 한 이 말을 기억하나?

리처드 기억난다.

중성자별 일단 철이 만들어지면 복사압은 없어져서 별이 계속 붕괴하게 된다. 하지만 별은 수억 도에 이를 정도로 너무나 뜨겁다. 그 열에너지가 철 원자에 흡수되면서 철 원자가 쪼개지고, 별은 단순히 중성자와 양성자, 전자로만 이루어진 채 온도가 가파르게 떨어진다.

리처드 온도가 떨어진다고?

중성자별 큼직한 얼음덩이를 수프 컵에 넣은 것과 같다. 뜨거운 수프의 열에너지가 얼음을 녹이고, 수프는 차가워진다. 별 안에서 열에너지는 철 원자를 산산조각 낸다.

리처드 그렇군.

중성자별 이때가 정말 재미난 순간이다. 별은 이제 훨씬 차가워져서 붕괴하고, 마침내 전자와 양성자가 아주 가까이 맞붙어 중성자와 중성미자가 된다. 중성미자는 재빨리 자리를 벗어나고, 중성자만 남는다. 별은 붕괴해서 단단하고 작은 중성자 공이 된다. 붕괴가 너무나 치열하게 일어나서 중성자는 더욱 높은 밀도로 압축되고, 따라서 중성자 핵이 반발하며 엄청난 충격파를 발생시킨다.

리처드 공이 딱딱한 바닥에 떨어지면 압축된 다음 다시 팽창하면서 도로 튀어 오르는 것과 같은가?

중성자별 그렇다. 다만 반발력이 그보다 훨씬 강력하다. 실은 이것이 바로 초신성 폭발이다. 우주에서 가장 에너지 넘치는 사건 말이다.

리처드 알겠다. 그런데 문득 떠오른 생각이 있다. 신성nova이라는 말을 들어본 적이 있는데, 초신성supernova은 아주 큰 신성인가?

중성자별 아니, 전혀 다르다. 백색왜성이 적색거성과 같은 궤도를 돌고 있다고 상상해 보라.

리처드 태양이 백색왜성과 적색거성 이야기를 한 적 있다.

중성자별 그래. 시간이 흐르면서 그들이 서로 가까워지면, 백색왜성이 적색거성의 물질을 끌어당긴다. 그 물질은 왜성 표면에 집중되고, 계속 왜성 표면에 충돌하면서 표면이 뜨거워진다. 그 열은 거의 1천만 도에 이르게 된다.

리처드 융합이 이루어지나?

중성자별 맞다, 그런데 맨 융합bare fusion이 이루어진다.

리처드 맨 융합?

중성자별 대체로 융합은 별의 내부 깊은 곳에서 일어난다. 맨 융합의 경우엔 표면에서 일어나서, 며칠이나 몇 주 동안 그 별은 태양보다 1만 배는 더 밝게 빛난다. 아무것도 보이지 않던 밤하늘에 갑자기 새로운 별이 보이면 그게 바로 신성이다.

리처드 그런 과정은 계속되나?

중성자별 그렇다. 하지만 백색왜성은 자살하지 않도록 조심해야 한다.

리처드 자살?

중성자별 그러니까, 백색왜성은 적색거성에서 아주 많은 물질을 끌어올 수 있다. 그게 너무 많아서, 전체 질량이 너희 태양의 1.4배를 넘으면 붕괴가 일어나 초신성이 된다. 이건 아까 설명과는 시작이 좀 달라서, 제1형 초신성이라고 한다. 태양보다 여덟 배 이상 무거운 별의 핵이 붕괴하는 게 제2형 초신성이다. 너의 탄소 원자 친구는 제1형 초신성에서 왔다.

리처드 설명을 듣고 보니 참 간단하다는 생각이 든다. 그러니까 그 폭발의 잔재가 중성자별이다?

중성자별 그렇다. 나는 제2형 초신성 출신이다.

리처드 너는 얼마나 크나?

중성자별 질량은 너희 태양과 비슷하고, 지름은 20킬로미터쯤 된다.

리처드 정말 이상하다. 질량은 큰데 그렇게 작다니.

중성자별 그래서 사뭇 별난 데가 있다. 너는 체중이 얼마나 나가나?

리처드 요즘은 재 본 적 없는데, 80킬로그램쯤 나갈 거다.

중성자별 그럴 일은 없겠지만 네가 만일 내 위에 서면 네 몸무게는 1백만 톤이 넘게 될 거다. 또 아주 어지러울 거다. 내가 초당 100바퀴 이상 도니까 말이다.

리처드 지구에서와는 전혀 다르구나.

중성자별 그렇다. 나한테도 자기장이 있는데, 지구보다 1조 배는 더

강하다.

리처드 네가 그렇게 작기 때문에 그리고 여느 별처럼 복사를 하지 않기 때문에 발견하기가 불가능한 모양이다.

중성자별 밤에 마당에 나가서 하늘을 쳐다보면서 나를 만나길 기대할 순 없다. 하지만 나를 발견할 순 있다.

리처드 어떻게?

중성자별 천체를 탐색하는 방법으로는 시각적 복사, 곧 빛만이 아니라, X선, 적외선 복사, 전파 복사 등이 있다.

리처드 그렇다.

중성자별 1960년대 후반 영국의 대학원생이었던 조슬린 벨Bell Burnell, Dame Susan Jocelyn이 전파망원경으로 천체의 전파 방출을 탐색했다. 그때 그녀는 묘한 것을 발견했는데, 그건 경이로운 수수께끼였다.

리처드 뭘 발견했는데?

중성자별 전파 에너지를. 그런데 은하의 별빛이나 전파 방출처럼 연속적인 파장이 수신되는 게 아니라 펄스 신호*로 수신되었다. 순간적으로 전파가 방출되고, 1.34초 후 다시 방출되는 식이었다.

펄스 신호 'pulse'는 맥박, 맥동, 고동이란 뜻으로, 에너지가 생성(ON)과 소멸(OFF)을 반복하며 맥박처럼 불연속적으로 나타나는 신호를 말한다.

리처드 전신통신을 보내는 것처럼 신호가 켜졌다 꺼졌다 하는 모양이다.

중성자별 그렇다. 다만 그 간격이 다양하지 않고 일정하다. 물론 크기가 적어도 별만큼은 되는 커다란 천체가 어떻게 켜졌다 꺼졌다 할 수 있는지는 아무도 이해하지 못했다. 그 메커니즘도 아무도 알지 못했다. 세월이 흐른 후, 또 다른 펄스 신호가 발견되었고, 그것은 펄서*라고 불리게 되었다.

리처드 수수께끼를 어떻게 풀었나?

중성자별 자동차 위에 다는 붉은 경광등을 생각해 보라.

리처드 그래.

중성자별 붉은빛은 계속 켜져 있지만, 안에서 모터가 빙빙 회전하면서 빛줄기를 가려 빛이 깜박거리는 것처럼 보인다.

리처드 펄서도 그런 식으로 작용하나?

중성자별 그렇다.

리처드 에너지가 어떻게 빛줄기처럼 방출되나?

중성자별 강한 자기장을 가진 천체의 경우, 그 자기장의 축 방향으로 천체에서 우주 공간으로 에너지가 방출된다. 펄서에서 에너지가 방출

펄서 pulsar. 맥동하는 별pulsating star. 맥동전파원. 강한 자기장을 가지고 고속 회전을 하며 주기적으로 전파나 X선을 방출하는 천체다.

되기 위해서는 그 천체가 반드시 아주 빠르게 회전해야 하고, 아주 작아야 한다.*

리처드 그래서 그게 중성자별일 수밖에 없다는 이야긴가?

중성자별 그렇다. 펄서는 우리 중성자별이 존재한다는 관측된 증거다. 펄서는 회전하기 때문에, 그 자기장 축이 지구로 향할 때마다 펄서를 관측하게 된다. 벨이 바로 그것을 관측했다.

리처드 흥미로운 이야기다. 중성자별이 존재한다는 것을 펄서가 그렇게 증명하는구나.

중성자별 펄서 외에도 다른 증거가 있다.

리처드 예를 들면?

중성자별 X선 복사가 그것이다.

리처드 새로 관측한 건가?

중성자별 1970년대에 관측을 시작했다. 태양에너지의 수천 배에 이르는 대규모 X선 복사를 측정하곤 했는데, 그건 겨우 몇 초만 지속되었다.

자기장의 에너지 방출

전기를 띤 입자, 특히 전자가 자기장에 붙잡히면 빙글빙글 회전하며 가속된다. 빠르게 가속된 전자는 빛(전자기파)을 발생시키는데, 이 빛은 자기장의 축과 같은 방향으로 양쪽 극에서 방출된다. 참고로, 전자기파는 광자를 매개로 전달된다.

리처드 X선이 무엇인지 잠깐 짚어 달라.

중성자별 전자기에너지는 다양한 파장으로 나타난다. 파장이 4×10^{-7}과 7×10^{-7}미터 사이일 경우 가시광선, 그보다 조금 더 길면 적외선, 조금 더 짧으면 자외선이라고 한다. 파장이 10^{-10}미터(0.1나노미터) 안팎일 경우 X선이고, 10^{-12}미터 이하일 경우 감마선이라고 한다.

리처드 고맙다. X선 복사도 주기적인가?

중성자별 좋은 질문이다. 주기적이 아니다. 이따금 에너지가 폭발하며 방출된다.

리처드 그런 일이 어떻게 일어나는가?

중성자별 백색왜성이 짝별로부터 물질을 끌어당기는 과정에서 강한 X선 에너지를 방출하는 신성처럼, 나도 X선을 방출한다. 내 표면에 축적된 물질이 결국 융합을 일으키는 것이다. 내 중력장이 더 강하기 때문에 신성보다 더 많은 X선을 방출한다.

리처드 그 말을 듣고 보니 최근에 읽은 게 생각난다.

중성자별 뭔가?

리처드 감마선 폭발. 그것에 대해 아나?

중성자별 거기엔 흥미로운 스토리가 있다. 1960년대 후반, 핵확산금지조약이 체결되면서 비밀 핵실험을 탐지하기 위한 인공위성을 띄워 올렸다.

리처드 나도 생각난다. 아주 비밀리에 추진한 벨라 프로젝트라는 거였다.

중성자별 그렇다. 그리고 몇 년 후 벨라 위성에서 초고에너지의 감마선 폭발을 감지했는데, 원자폭탄 때문은 아니었다. 좀 더 현대화된 검출 장비에 따르면 이 폭발은 짧으면 10밀리초밖에 지속되지 않는다.

리처드 감마선 폭발원은 무엇인가?

중성자별 아무도 모른다. 1999년 약간의 실마리를 잡았을 뿐이다. 천문학자들은 감마선 폭발 방향으로 재빨리 망원경을 돌려 광학 스펙트럼을 포착할 수 있다. 그 스펙트럼을 잔광이라고 한다. 알고 보니 그것은 적색 편이가 심했다. 즉, 아주 멀리서 발생했다는 뜻이다. 당면한 가장 큰 문제는 다음의 질문에 답하는 것이다. 하나의 천체가 어떻게 그런 엄청난 에너지를 방출할 수 있는가?

리처드 얼마나 엄청나기에?

중성자별 앉아서 듣는 게 좋을걸.

리처드 준비됐다.

중성자별 너희 은하 전체 에너지의 수십억 배다!

리처드 믿기지 않는다. 그럼 그건 아주 보기 드문 충돌…….

중성자별 아니다. 그건 항상 볼 수 있다. 매일 거의 한 번씩.

리처드 그게 뭔지 말해 주지 않을 건가?

중성자별 그것이 X선 폭발과 비슷한데 규모만 훨씬 크다고 생각하는 사람도 있다. 하지만 연구의 즐거움을 망치고 싶진 않다. 사실 인간은 해결되지 않은 문제에 직면했을 때 최선을 다한다. 과학자들은 이론과 관측의 모든 요소를 확인하고, 모든 가정을 샅샅이 분석하고, 모든 것을 다시 의심해 봐야 한다. 실험자들은 불가능한 실험에 도전하고, 이론가들은 불가능한 생각에 도전해야 한다. 그러면 비로소 진척이 이루어진다. 뜨거운 평원에 여름 폭풍이 불어닥치듯이, 아니면 작은 돌풍이 모여 거대한 힘을 규합하듯이 말이다. 어느 쪽이든 해답에 이르게 되고, 그러면서 또 다른 수수께끼를 발굴하게 된다.

리처드 그 수수께끼의 해답이 나오길 고대해 보겠다. 인터뷰에 응해 주어 고맙다.

중성자별 덕분에 즐거웠다. 안녕히.

0.21 끈과의 인터뷰

리처드 　이렇게 들러 주어 고맙다. 간단한 자기소개를 부탁한다.
끈 　입자에 대한 옛 관점과 내 관점을 비교부터 해야 할 것 같다.

리처드 　부탁한다.
끈 　사람들은 대부분 입자를 점으로 생각한다. 점이란 길이가 없고, 넓이도 없고, 깊이도 없다. 그걸 이런 식으로 표현하기도 한다. 즉, 입자는 0차원이라고.

리처드 　그것이 표준 모형 관점인가?
끈 　그렇다. 근데 표준 모형에는 많은 난점이 도사리고 있다.

리처드 　예를 들면?
끈 　무엇보다도 입자의 에너지를 계산하려고 할 경우, 그 값이 무한대로 발산한다. 그건 에너지값이 무한대로 나온다는 뜻이다.* 점 입자 이론의 무한대값을 피하려면 면밀하게 분석해 볼 필요가 있다.

리처드 　네가 0차원이 아니라면 1차원이란 뜻인가?
끈 　그렇다. 나를 말 그대로 작은 끈이라고 생각하면 된다. 나는 고

점 입자 이론의 무한대 문제

뉴턴의 중력을 생각하면 쉽게 이해된다. 중력은 거리의 제곱에 반비례한다. 따라서 거리, 곧 지름이 0이 되면 중력은 1/0, 곧 무한대가 된다.

무 밴드처럼 닫혀 있거나, 벌레처럼 열려 있다.

리처드 과학자들이 점 입자 개념을 포기하고 끈 모형을 채택한 이유가 무엇인가?
끈 역사가 제법 길다. 1970년대에 핵력을 이해하기 위한 시도로 시작되었다. 그 원형은 사라졌지만, 거기에는 수학적 우아함과 물리에 대한 암시가 담겨 있었다.

리처드 물리에 대한 암시라는 게 뭔가?
끈 얼마 후, 끈 이론은 스핀값이 2인 질량이 없는 입자의 존재를 예견하고 있음이 밝혀졌다.

리처드 그게 그렇게 중요한가?
끈 당연히 그렇다.

리처드 잠깐, "중력장의 중력자는 스핀값이 2다"라고 보손이 말한 게 생각난다.
끈 자기밖에 모르는 불쾌한 보손이 돌아온다면 난 여길 떠나겠다.

리처드 아니, 그는 돌아오지 않을 거다. 그러니까 끈 이론으로 중력이론을 기술할 수 있다는 건가?
끈 그뿐만 아니라, 양자 중력이론을 기술하는 유일한 방법으로 보인다. 그 때문에 물리학계가 떠들썩해졌다. 물리학의 위대한 승리로 손꼽을 만한 이론이 아닌가 싶다.

리처드 고전 이론과 반대되는 양자 중력이론이?

끈 그렇다.

리처드 둘을 비교해서 말해 달라.

끈 여러 면에서 그것은 19세기 후반 고전 이론으로 발전한 전자기학과 비슷하다. 고전 전자기학에 따르면, 전하가 해당 공간 전체에 퍼지는 연속적인 장을 형성한다. 네가 보손에게 말했듯이, '전자가 전기장을 만들어 내고, 전기장이 다른 전자에게 척력을 행사'하는 바로 그런 전기장 말이다. 양자전자기학에서는 그런 식으로 장을 생각지 않는다. 전자기장 대신 전하가 교환 입자와 광자를 만들어 내고, 전자기력은 이들 입자를 교환한다고 설명한다. 20세기 전반에 물리학자들은 고전 이론에서 양자론으로 넘어가는 방법을 알아냈다. 이것을 이론의 양자화라고 일컫는다.

리처드 그것은 단지 힘을 다르게 생각하는 방식인가?

끈 전혀 아니다. 여러 계산을 할 때, 전기역학의 양자 버전만이 정확한 답을 제시한다.

리처드 중력도?

끈 마찬가지다. 아인슈타인이 1915년에 고전 중력이론을 발전시켰는데, 그것을 양자화하려는 시도는 실패했다.

리처드 아이슈타인의 중력이론은 양자화할 수 없었다는 뜻인가?

끈 그렇다. 다수의 위대한 과학자들이 남은 20세기 내내 시도했지만 내내 실패만 거듭해서, 결국 생각하기도 싫은 일이 벌어졌다.

리처드 생각하기도 싫은 일이라니?

끈 포기했다는 뜻이다. 대다수가 포기했다. 중력장을 양자화하기 위한 연구 기금을 제안하기도 했는데, 그걸 받기는 항아리에 달빛을 가두어 기금을 받을 가능성만큼이나 희박했다.

리처드 양자 중력이론의 장래가 암담했겠다.

끈 캄캄했다. 하지만 한 가지는 알려졌다. 양자 교환 입자를 도입하면 성공적인 이론이 될 거라고 말이다. 그 입자는 질량이 없어야 하고, 스핀값이 2여야 했다.

리처드 아.

끈 이제 알겠지. 다름 아닌 끈 이론으로 스핀값 2의 질량 없는 입자의 존재가 입증되었을 때 얼마나 획기적으로 보였을지 말이다.

리처드 그리고 어떻게 되었나?

끈 솔직히 그 이론에는 얄궂은 구석이 좀 있었다. 그 이론은 타키온의 존재도 예견했는데, 인터뷰해서 알다시피 타키온의 존재는 전혀 받아들여지지 않았다.

리처드 다른 얄궂은 구석은 또 뭐가 있나?

끈 그게 4차원, 곧 3차원에 시간이 추가된 차원에서는 유효하지 않았다.

리처드 끈 이론이 틀렸다는 뜻인가?

끈 끈 이론이 틀렸거나, 우리가 살고 있다고 생각하는 차원의 수가 틀렸거나 둘 중 하나라는 뜻이다.

리처드 분명 우린 3차원에서 살고 있다. 그건 명백하지 않나.

끈 거기엔 몇 가지 가정이 전제되었음을 유념하라.

리처드 다른 차원이 있다면 우리가 어떻게 모를 수 있지?

끈 그게 작다면 그리고 닫혀 있다면 모를 수 있다.

리처드 닫혀 있다고?

끈 잔디밭에 놓인 고무호스를 상상해 보라. 긴 호스를 따라 개미가 걸어갈 수 있고, 호스를 따라가지 않고 그냥 빙글빙글 돌기만 할 수도 있고, 두 가지가 조합된 방향으로 기어갈 수도 있다.

리처드 그래, 나도 본 적이 있다.

끈 이제 멀리서 고무호스를 내려다본다고 상상해 보라. 호스는 1차원의 선 정도로만 보인다. 하지만 사실 거기엔 두 개의 차원이 있다. 닫혀 있는 원통의 차원은 너무 작아서 보이지 않는다. 하지만 그것이

존재하는 효과만큼은 볼 수 있다. 예를 들어 개미가 나아가는 길을 지켜보면 개미가 안 보이는 차원을 돌아갈 때 이따금 사라진다는 것을 알 수 있다. 소위 3차원이라는 곳에서도 같은 일이 일어날 수 있다. 네가 우주 공간의 어떤 선을 바라볼 때, 그게 원자보다 훨씬 작은 닫혀 있는 차원이라면 직접적인 존재 증거가 없을 수 있다.

리처드 그런 생각을 해 본 적이 없다. 그럼 끈 이론은 닫혀 있는 작은 차원을 포함해서 5차원인가?

끈 딱히 5차원은 아니다.

리처드 6차원?

끈 아니다.

리처드 그럼 몇 차원인가?

끈 26차원이다.

리처드 좀 많은 것 같다.

끈 그중 22개의 차원은 밀집되어 닫혀 있고 고무호스처럼 작기를 바랐는데, 또 다른 문제가 있었다.

리처드 그건 또 뭔가?

끈 기본 입자들에 초대칭 짝이 있을 경우 그 이론이 더욱 잘 맞아떨어지는 것으로 나타났다.

리처드 초대칭? 어디 보자, 뉴트랄리노가 초대칭을 설명해 준 적이 있다. 보손의 초대칭 짝이 페르미온이고, 페르미온의 초대칭 짝이 보손이라고.

끈 그렇다. 초대칭을 도입한 끈 이론을 초끈 이론이라고 한다. 초끈 이론에 따르면 양자론을 괴롭힌 여러 무한대 문제가 사라진다. 이러한 양자 중력의 가능성과 이론적 성취에는 대단한 아름다움이 깃들어 있다. 초끈 이론, 또는 줄여서 끈 이론이라고 부르는 이것이 진정한 대통일이론으로 이어지리라고 과학자들은 생각했다. 대통일이론에서는 극도로 높은 에너지 상태에서 자연계의 모든 힘이 하나로 귀결되고, 다만 낮은 에너지 상태에서만 다르게 나타난다. 그것을 지금 우리가 보고 있다.

리처드 그것을 지금 우리가 보고 있다니 무슨 뜻인가?

끈 초기 우주 상태는 아주 뜨거웠다. 극도로 뜨거운 하나의 에너지 오븐과 같았다. 당시 세계는 큰 대칭을 이루고 있었다. 그런데 온도가 떨어지고 팽창하면서 대칭이 깨졌다.

리처드 대칭이 깨졌다는 증거가 있나?

끈 네가 바로 100킬로그램짜리 증거다.

리처드 난 80킬로그램밖에 안 나간다.

끈 미안하다, 반올림했다. 우리가 직면한 또 다른 문제는 정확한 수치를 확보하는 것이다. 암튼 대칭이 깨진 증거는 너무나 많아서, 대칭이 아예 존재한 적 없다고 생각하는 사람도 있다.

리처드 그러고 보니 쿼크가 한 말이 생각난다. "새로운 생각은 이질적이고 뜨악해 보이지만, 그것이 마음 깊이 파고들어 둥지를 튼 뒤에는 새로운 아름다움이 출현한다. 또한 자연을 바라보는 새롭고 놀라운 방식의 출현은 더 나은 관점을 제시할 뿐만 아니라 더 깊이 자연을 바라보게 한다".

끈 같은 생각이다. 끈 이론은 힘을 바라보는 통일된 방식을 제공할 뿐만 아니라, 입자를 바라보는 아름다운 방법을 안겨 준다. 표준 모형에서는 전자, 쿼크, 광자 등등이 존재한다. 입자가 다르면 속성도 다르다. 모든 것이 오직 세 개의 입자로만 만들어졌다면 그 세계는 단순성의 아름다움을 잃고 만다.

리처드 맞는 말이다.

끈 우주의 모든 것이 진동하는 끈으로 이루어져 있다. 이렇게 우리는 단순한 아름다움을 회복하고, 나아가 훨씬 더 나은 아름다움의 기초를 세운다. 전자는 내가 진동하는 특별한 양태다. 이 양태가 다르게 변함으로써, 아마도 진동수가 변함으로써, 다른 끈과 결합하거나 분리됨으로써, 예를 들면 광자와 같은 다른 입자가 된다. 이것은 자연을 기술하는 단순하고 아름다운 방법이다.

리처드 동의한다. 세계는 수십 가지의 서로 다른 입자로 이루어진 게 아니라, 딱 하나의 끈만으로 이루어졌다.

끈 그렇다. 그 하나가 바로 나다.

리처드 끈 이론은 일반적으로 받아들여지고 있나?
끈 꼭 그렇진 않다. 근데 전해 줄 좋은 소식이 있는데 하마터면 잊을 뻔했다.

리처드 어서 말해 달라.
끈 초끈 이론은 10이나 11차원만을 필요로 한다. 따라서 11차원 가운데 7차원은 콤팩트화되고 네 개 차원이 남는데, 너희가 보는 것이 그것이다.

리처드 이론이 나아졌다고 본다. 근데 왜 끈 이론이 일반적으로 받아들여지지 않는지 궁금하다.
끈 글쎄, 나는 성실한 세일즈맨처럼 헤드라인을 다 찾아 읽었지만 작은 활자에 대해선 입에 담고 싶지 않다.

리처드 작은 활자란 뭔가?
끈 뉴트랄리노가 설명했듯이, 초대칭성을 갖기 때문에 모든 입자에는 초대칭 짝이 있다. 초대칭 짝 가운데 발견된 것은 하나도 없다. 너의 인터뷰에 등장했을 뿐.

리처드 초광자, 초글루온, 초전자, 초쿼크 등등 모두가 발견되지 않았다고?

끈 그렇다. 너의 뉴트랄리노 친구를 비롯한 모두가.

리처드 그럼 끈 이론은 관측되지 않은 모든 입자를 예견만 하고 있다는 건데, 혹시 끈 이론이 틀렸다는 증거는 아닌가?

끈 바람직한 현상은 아니지만, 그렇다고 틀린 건 아니다. 다만 검출할 수가 없었다고 해야겠지.

리처드 아니 왜?

끈 초대칭 짝은 질량이 커질 수가 없다. 그러면 바로 붕괴하니까.

리처드 그건 또 왜인가?

끈 입자 질량이 커지면, 그것을 생성할 에너지를 모을 수 없다. 꼭대기 쿼크를 만들고 관측하는 데 그토록 시간이 오래 걸리는 것도 다분히 그 때문이다. 그런데 만든다 해도 금세 붕괴해 버린다.

리처드 금세?

끈 너의 뮤온 친구처럼 단명한다는 뜻이다. 자연은 단순성을 유지하길 좋아한다. 어떤 입자가 속성이 동일한데 더 가벼울 수 있다면, 자연은 더 가벼운 입자를 선호한다. 예를 들어, 뮤온은 더 무거운 전자와 속성이 같다. 그래서 뮤온은 붕괴해서 전자가 된다. 가능한 한 가벼운 입자로 붕괴하는 것이 자연의 규칙이다. 위 쿼크와 아래 쿼크는 얼마든지 찾아볼 수 있지만, 맵시, 기묘, 꼭대기, 바닥 쿼크는 그렇지 않다. 그 네 가지는 더 무거워서, 더 가벼운 것으로 금세 붕괴한다.

리처드 알겠다. 그러니까 모든 초입자는 붕괴해서 사라진다?

끈 가장 가벼운 입자에 이를 때까지 그렇다. 뉴트랄리노의 이 말처럼. "모든 것이 나한테 귀결된다".

리처드 뉴트랄리노를 발견하면 끈 이론이 옳다는 게 입증될까?

끈 도움이 될 거다. 아마도 초대칭이 사실임을 설득력 있게 주장할 수 있을 거다.

리처드 마지막으로 하나만 더 물어봐도 될까?

끈 물론이다.

리처드 너와 쿼크 둘 다 아름다움에 대해 이야기했는데, 네 생각은 좀 다른 것 같다. 그 점에 대해 한마디 해 달라.

끈 쿼크는 자신의 대칭 속에서 자연의 아름다움을 보았다. 특히 쿼크는 색깔 대칭을 이야기했는데, 기본 입자 물리학의 표준 모형에도 비슷한 대칭 개념이 있다. 서로 다른 입자들이 대칭성을 띠고 있다는 것은, 상호 교환되어도 물리적 특성이 바뀌지 않는다는 뜻이다. 이와 같은 대칭성은 기본 입자 수준의 통일성과 민주성을 부여한다. 그것이 아름다운 자연관이라는 데 나도 동의하지만, 나는 더 깊이 들여다본다. 내 대칭성은 보손과 페르미온의 상호 교환까지 확대되어 모든 입자를 포함한다. 화폭이 군데군데 비어 있긴 하지만, 이제 막 시작된 이 그림은 아주 매력적이다.

리처드 화폭이 군데군데 비어 있다고?

끈 그렇다. 아인슈타인의 일반상대성이론을 생각해 보자. 그의 이론은 아름다움을 바탕에 깔고 있는데, 그 아름다움은 물리량들 사이의 관계를 밝히는 데 있었다. 예를 들어, 아인슈타인은 가속도와 중력장이 물리적으로 동일하다(관성질량과 중력질량이 같다)고 주장했다. 그런 물리적 원리는 매력적이었다. 그래서 사람들은 그의 이론을 믿고 싶어했다. 끈 이론의 기본 원리, 곧 대칭성에는 그런 매력이 없다. 그런 별난 대칭성을 받아들이라고 설득할 만한 물리학적 기본 논거도 없다. 물리학자들은 물리적 개념보다 수학적 개념에 더 기초를 두었다고 여겨지는 모형을 받아들이는 데 종종 망설인다.

리처드 그럼 장차 넌 어떻게 될까?

끈 시간이 말해 주겠지.

0.22
진공과의 인터뷰

리처드 어이, 진공. 어이, 이봐.

진공 고함지를 필요 없다.

리처드 넌 어디 있는 거냐?

진공 여기, 저기, 어디에나 있다.

리처드 목소리가 멋지다.

진공 고맙다.

리처드 솔직히 너와 인터뷰를 할지 말지 무척 망설였다.

진공 왜?

리처드 진공은 아무것도 없는 거니까, 인터뷰가 일방적일지 모른다고 생각했다.

진공 마음을 바꿔 먹었다니 기쁘다. 근데 진공은 아무것도 없는 게 아니다.

리처드 뭔가 있다고?

진공 물론이다.

리처드 뭐가?

진공 진공이 있다.

리처드 그래, 하지만 모든 것을 결여한 게 진공이다. 모든 것을 잃으면 아무것도 없지. 따라서 너는 무無다.

진공 논리는 그럴듯하지만, 너의 가정은 틀렸다. 나는 모든 것을 결여한 게 아니다.

리처드 그럼 너는 뭐지? 진공이란 게 뭐야?

진공 음, 일반 입자와 원자, 전자, 광자도 없고, 오로지 나만 존재하는 우주 공간을 생각해 봐라.

리처드 하지만…….

진공 내 말 안 끝났다. 나는 아무것도 없는 게 아니라, 뒤에 남은 것이다. 그 모든 것을 제거한 후 남은 아주 풍요하고 복잡한 구조가 바로 나다. 표면에서 거품이 부글거리면서 증기를 뿜어 올리고 이리저리 작은 물방울이 튈 때까지 물을 끓여 본 적 있겠지.

리처드 있다.

진공 내가 바로 그렇다고 생각하라.

리처드 진공에 대한 내 기존 개념에 완전 어긋난다.

진공 곧 나를 이해하게 될 거다. 그런데 공기 좀 정화해도 될까?

리처드 너보다 더 적격자는 없을 거다. 부탁한다.

진공 고맙다. 너희가 만든 말 가운데 얼토당토않은 게 있다. 정말 분통 터진다.

리처드 무슨 말인데?

진공 차마 입에 담을 수 없다.

리처드 아, 그게 뭔지 방금 생각났다.

진공 말해 봐라. 인간 최후의 발언이었음 좋겠다.

리처드 "자연은 진공을 혐오한다"* 아닌가?

진공 바로 그거다. 하지만 자연은 나를 혐오하지 않는다. 나는 자연의 일부니까. 사실 자연은 나를 사랑한다. 나는 자연의 가장 큰 부분이기도 하다. 주로 나로 채워진 원자 내부의 작은 지역부터 방대한 성간 지역에 이르기까지 빈 공간이 나로 채워져 있다. 나는 자연계 어디에나 두루 존재한다.

리처드 장담컨대 다시는 그런 말을 되뇌지 않겠다. 그런데 네가 한 말에 대해 묻고 싶은 게 있다.

진공 물어라.

* Nature abhors a vacuum: 빈자리는 채워지게 마련이란 뜻으로, 펌프로 물을 길어 올릴 수 있는 이치를 설명하며 아리스토텔레스가 처음 한 말로 알려져 있다. 아리스토텔레스는 자연적으로 진공이 생길 수 없다고 믿었다.

리처드 멍청한 소리 하고 싶지 않지만, 네가 말했듯이 입자의 모든 것, 원자의 모든 것을 제거하고도 뒤에 남아 그토록 활기찬 구조를 형성하고 있는 그것이 정작 무엇인가?

진공 입자의 잔여물 따위는 생각지 마라. 사실 네가 생각하는 그 입자란 대개가 내 방해물일 따름이다. 나는 내 자신의 입자를 창조한다!

리처드 진공이 입자를 창조한다고?

진공 그렇다. 나는 또한 그 모든 것을 소멸시킨다. 사실 끓는 물의 표면에서 거품이 부글거리고, 수증기가 피어오르고, 작은 물방울이 잠깐 나타났다 사라지는 것처럼, 나는 입자를, 보통은 줄곧 입자 쌍을 창조하고 소멸시킨다. 솔직히 내가 이런 존재라 다행스럽다. 나는 스스로 우주에서 가장 신명 나는 존재라고 여긴다.

리처드 흥미로운 이야기다. 하지만 단지 캄캄하게 보일 뿐인 우주 공간을 들여다보면, 실제로 텅 비어 있는 것으로 보인다.

진공 거시적으로 보면 네가 생각하는 대로다. 내가 기술한 여러 효과는 눈에 띄지 않는다. 하지만 미시적 규모에서 보면 그 우주 공간은 아주 장엄하다.

리처드 의문점이 하나 있다. 너는 아무것도 없는 것에서 어떻게 입자를 창조하나? 그건 에너지보존법칙에 위배되지 않나?

진공 네 말이 맞다.

리처드 그럼 그건 불가능한 일 아닌가.

진공 아니, 가능하다.

리처드 너는 우리가 가장 소중히 여기는 에너지 보존 개념을 위배해도 되나?

진공 늘 그런다. 설명해도 될까?

리처드 부탁한다.

진공 대다수 사람들은 결정론적 우주를 확고히 믿는다. 결정론적 개념은 어릴 때 주입되어, 대개 죽을 때까지 지속된다.

리처드 그럴지도.

진공 수소와 인터뷰해서 알겠지만, 양자역학에 따르면 결정론은 옳지 않다. 물리량 측정에는 원래부터 불확정성이 내재되어 있다. 수소가 역학적 상태의 불확정성과 불연속성을 강조한 것은 지당하다.

리처드 그 인터뷰 내용을 읽었나?

진공 나는 거기 있었다. 나는 너의 모든 인터뷰 현장에 존재했다.

리처드 어련하려고. 암튼 계속 이야기해 달라.

진공 에너지는 불확정성이 내재하는 물리량 가운데 하나다.

리처드 그래, 알고 있다.

진공 네가 정확한 에너지값을 확정할 수 없다면, 에너지가 어느 수준인지 말할 수 없지 않나. 어느 순간 그것이 0에 이를 수도 있지만, 잠시 후에는 0이 아닐 수 있다. 사실 특정 에너지값을 확정한 시간이 짧을수록 에너지의 불확정성은 더 커진다.

리처드 그렇지만 내가 단지 에너지값을 모른다고 해서 그 값이 변할 수 있다는 건 아니잖나. 내 주머니에 돈이 얼마 있는지 모른다고 해서 금액이 오르락내리락하는 게 아니듯 말이다.

진공 예를 잘못 들었다.

리처드 왜?

진공 가장 기본적인 핵심을 놓쳤기 때문이다. 내가 말한 불확정성은 자연에 내재되어 있다. 그 불확정성이란 알려진 것이나 알려질 수 있는 것에 대해 네가 무지한 상태라는 뜻이 아니다. 네가 예로 든 주머닛돈은 알려진 것이거나 알려질 수 있는 것이어서 불확정성은 내 마음속에만 존재하지, 실제로 존재하는 게 아니다. 내가 (그리고 수소가) 말하는 양자 불확정성은 자연 자체에 근본적으로 내재하는 불확정성이다.

리처드 그럼 베타붕괴에 대해 전전긍긍했던 이유가 무엇인가? 베타붕괴가 에너지보존법칙에 위배되지 않는다고 기술하기 위해 중성미자라는 존재를 추론하기에 이르렀다는 이야기를 중성미자가 할 때, 너도 옆에 있지 않았나.

진공 특정 에너지값을 확정한 시간이 짧을수록 에너지의 불확정성은 더 커진다는 말을 기억할 것이다. 특정 에너지값의 지속 시간이 길어지면 에너지의 불확정성은 더 작아진다. 나는 에너지보존법칙을 위배하지만, 아주 잠깐 동안만 위배할 수 있다. 실험실에서도 그걸 재현할 수 있다. 그 시간이 길면 에너지는 보존되어야 한다.

리처드 알겠다. 그러니까 너는 입자들을 창조할 수 있지만, 잠시 후 바로 소멸시킨다. 에너지보존법칙을 위배하지만 아주 잠깐 동안이다, 이런 말이지?

진공 바로 그렇다. 나는 전자와 양전자, 양성자와 반양성자, 기타 많은 것들을 항상 창조한다. 나는 활동성이 넘치는 아주 풍요하고 역동적인 구조다.

리처드 그래. 근데 너에 대해 궁금한 질문을 하나 해도 될까?

진공 되고말고.

리처드 네 말에 따르면, 우리 세계의 양자적 특성 때문에 우리가 측정하는 모든 것은 불확정성을 지녔고, 수소가 말한 것처럼 그 상태는 연속적이지 않다.

진공 그렇다.

리처드 내가 보기엔 우리는 한편으로 시간과 공간을 측정한다. 뭔가의 길이를 측정할 수도 있고, 두 사건 사이의 시간 경과도 측정할 수 있는데, 그 물리량은 확실히 연속적이다. 그렇다면 너는 양자론에 면역되었다는 것 아닌가?

진공 양자론은 역병이 아니다. 암튼 나는 면역된 게 아니다.

리처드 그럼 너는 연속적인 게 아니다?

진공 그렇다.

리처드 어떻게 그럴 수 있지? 연속적이지 않은 공간은 상상할 수도 없다. 시간은 분명 연속적이다.

진공 아니다.

리처드 공간과 시간이 연속적이지 않다고?

진공 그렇다.

리처드 설명해 줄 수 있나?

진공 물론이다. 무엇보다도 그런 결과는 믿을 수 없을 만큼 짧은 거리에서, 믿을 수 없을 만큼 짧은 시간에 발생한다. 핵 크기만큼의 거리를 앞에 두고 서 있다고 상상해 보라. 그걸 플랑크 길이라고 하는데, 약 10^{-33}센티미터다. 플랑크 길이에서는 시간과 공간조차도 양자적 특성을 나타낸다. 사실 그런 미시 규모에서는 공간의 양자적 특성이 분명해진다. 구멍이 많은 발포 거품 물질을 상상해 보라. 단절된 두 지역을 연결하는 고리가 달린 것처럼 다중 연결된 공간 말이다. 이해가 되나?

리처드 노력하고 있다.

진공 이제 너는 내 영혼을 들여다보고 있는 셈이다.

리처드 그게 관측된 적이 있나?

진공 없다, 아직까지는. 너의 기대에 부응해서 설명하고 있다. 양자역학적 증거가 압도적으로 많은데도, 네가 조금 전에 생각한 것처럼 공간과 시간이 따로 떨어져 있고 연속적이라고 생각하는 사람들이 더러 있다. 그런 미시 규모에서 일어나는 일은 중요할 게 없으니까, 생각할 가치도 없다고 주장하는 사람도 있고.

리처드 그럼 그 주제에 대한 연구가 활발하지 않단 이야기인가?

진공 폭풍우 몰아치는 진리의 바다를 항해하려는 용감한 사람은 항상 소수다. 다수는 밥벌이가 되는 일에 만족하면서, 반세기 이전에 알았던 것을 입증하기 위한 실험을 한다. 너희 나선은하가 이렇게 입바른 소릴 하지 않았나. "이제 너는 우주에 대한 모든 것을 정말 알고 있는지 스스로 자문해 봐야 한다. 알 만한 건 다 알았으니, 이제 물리학자들은 부질없이 쿼크를 찾는 건 포기하고 더 나은 전기 토스터나 디자인해야 할까? 아니면 이제 막 수박 겉핥기를 한 것에 지나지 않아서, 까마득히 펼쳐져 있는 미지의 바다를 항해해야 할까?" 너희 인간은 너무나 많은 이들이 좀 더 나은 토스터 디자인에 나서고 있다.

리처드 자세히 설명해 주어 고맙다. 괜찮다면 잠깐 뒤로 돌아가서, 네 말 가운데 한 가지 마음에 걸리는 것을 묻고 싶다. 진공이 되기 위해 너는 입자의 모든 것을 제거했다고 말했다.

진공 정확히 말하면, 일반 입자의 모든 것을 제거했다고 말했다.

리처드 차이가 있나?

진공 내가 말한 일반 입자는 인간이 직접 보고 측정할 수 있는 입자란 뜻이다. 그런 입자는 상대적으로 수명이 길기 때문에 에너지보존법칙을 위배하지 않는다. 내가 일상적으로 창조하고 파괴하는 입자는 가상 입자라 불린다. 가상 입자는 에너지 또는 운동량보존법칙을 위배한다.

리처드 알겠다. 그러니까 넌 가상 입자를 잠깐 동안 창조할 수 있다?

진공 그렇다. 하지만 작위적이 아니라 무의적으로 이루어진다. 그런데 나는 가상 입자를 창조하기만 하는 것이 아니다. 너의 다혈질 보손 친구가 힘의 기원을 설명하면서 이렇게 말한 적 있다. "실제로 일어나는 현상은 이렇다. 전자는 교환 입자, 곧 광자를 만들어 내고, 광자는 다른 전자에 흡수된다. 이런 광자 교환이 전자 사이의 기본적인 힘의 기원이다".

리처드 기억력이 비상한 것 같다.

진공 고맙다. 그가 말하진 않았지만, 교환 입자가 바로 가상 입자다.

리처드 알겠다. 네가 보여 주는 그런 역동성을 우리가 관측할 수 있는지 궁금하다.

진공 간접적으로 가능하다. 예를 들어 나는 일반 입자들 가까이에서 가상 입자를 창조하길 좋아한다. 그럴 때 내 가상 입자의 존재는 네가 관측하는 일반 입자에 영향을 미친다.

리처드 예를 들면?

진공 그러니까 진공 분극* 현상이 그 예다. 내가 전자와 양전자를 수소 가까이에서 창조할 때, 방출된 빛의 파장이 살짝 변한다. 과학자들은 그것을 램 이동Lamb shift이라고 일컫는다.

리처드 그럼 우리는 영향이 크진 않지만 그래도 관속에 영향을 미치는 역동적인 구조로 너를 이해해야겠구나.

진공 일부는 그렇지만, 일부는 영향이 클 수 있다.

리처드 그건 무슨 뜻인가?

진공 영점에너지*에 대해선 아직 말하지 않았다.

진공 분극 vacuum polarization. 진공은 가상 입자들로 차 있어서, 전자 주위에 반대 전하를 가진 가상 반전자들이 모여들어 전자를 에워싸고, 가상 전자는 전자에 밀려 멀어지면서 음전하와 양전하의 중심이 이동된 분극 현상을 보인다. 또한 질량이 진공을 지나가면 질량 주위에 일시적인 진공 분극 현상이 발생한다.

영점에너지 양자 진공 영점에너지zero-point energy는 양자역학계의 가장 낮은 에너지, 곧 바닥상태의 에너지다. 그런데 이 양자 상태는 퍼텐셜(벡터장에서 벡터의 공간 분포를 이끌어 내기 위한 함수)이 가장 낮은 상태가 아니라 그보다 약간 높은 상태라서, 약간의 운동에너지를 지닌다. 진공은 곧 영점에너지로 채워져 있고, 이 에너지에 의해 입자와 반입자가 순간적으로 생성·소멸된다.

리처드 부탁한다.

진공 알다시피, 너희 인간의 이론들은 자연의 여러 측면을 기술하는 데 비교적 성공을 거두어 왔다. 여러 인터뷰를 통해 알았듯이, 최고의 이론 가운데 하나가 바로 양자론이다.

리처드 그렇다.

진공 그 이론에 따르면 나는 무한한 에너지를 지원한다.

리처드 말도 안 되는 소리 같다.

진공 좀 심각한 소리다.

리처드 그게 사실인가?

진공 원래 이론으로는 맞는 소린데, 나중에 그 대목은 제거하고 이론을 수정했다. 에너지 차이는 실험을 통해 측정될 수 있고 그 차이는 미미하므로, 상수* 값 제거가 정당화된다는 논거에 따른 것이다.

리처드 진공 에너지가 무한한데도?

진공 논거란 그런 것이다. 하지만 다른 가능성도 열려 있다. 예를 들어 진공에 영점에너지가 존재하는데, 그게 실제로 무한하지 않다.

리처드 영점에너지는 측정되었나?

우주 상수 cosmological constant. 진공의 에너지 밀도를 나타내는 기본 물리상수. 관측 결과로는 0이 아닌 작은 값으로 나타났으나, 양자론적 계산값은 그보다 훨씬 크다.

진공 물리학자가 하는 소리처럼 들린다.

리처드 칭찬으로 받아들이겠다.

진공 일찍이 수행된 가장 매력적인 실험 가운데 하나가 그 에너지를 측정했다.

리처드 너는 그 측정 결과에 반대하나?

진공 전혀 아니다.

리처드 그 실험은?

진공 카시미르 효과라고 불리는 실험이다.

리처드 어떤 실험인가?

진공 두 개의 금속판을 평행으로 아주 가까이 붙여 놓았다고 치자. 이 금속판에는 전하나 전류가 없어서 전자기력도 없다. 작은 인력만 작용하는데, 그건 카시미르 힘과 아무런 관계가 없다.

리처드 그러니까 인력을 무시하면, 두 금속판 사이에는 근본적으로 작용하는 힘이 없다?

진공 그렇다. 이제 내 영점에너지 효과를 살펴보자. 영점에너지는 그것이 무한대라 해도 두 금속판 사이에서는 미미한 인력만 작용한다고 예측할 수 있다.

리처드 그건 측정되었나?

진공 그렇다. 영점에너지가 실제로 존재한다는 가장 놀라운 사례 가운데 하나다.

리처드 측정된 그 힘이 다른 데서 비롯하지 않은 것이 확실한가?

진공 객관적으로, 그것을 금속 원자들 사이의 힘으로 해석할 수도 있다. 하지만 영점에너지의 이론적 계산값이 측정된 정확한 값과 일치한다는 사실을 주목하지 않을 수 없다. 또한 나는 다만 가구가 딸린 집과 같다는 사실을 지적하지 않을 수 없다. 바꿔 말하면, 카시미르 효과 실험의 영점에너지는 전자기장에서 발생하는데, 나는 그 장이 거주하는 구조를 제공한다.

리처드 네가 정말 얼마나 복잡한지 이해가 되기 시작한다. 에너지와 입자로 가득 차서 비말을 일으키며 요동하는 바다 같다.

진공 그림의 일부일 뿐이다. 나는 젊은 시절 완전 폭력적이었다.

리처드 지금은 나이를 먹었단 뜻인가?

진공 당연하다. 나는 너와 마찬가지로 태어나서 날마다 나이를 먹고 있다.

리처드 솔직히 뭔가 이해를 할 만하니까 또 다른 폭탄이 날아와 내 정신 줄을 끊어 놓는다.

진공 그래도 너는 운이 좋다. 마음이 열려 있고, 진실이 겉보기와 다르다는 것을 알고 있으니 말이다.

리처드 노력은 하고 있다. 근데 너는 언제 어떻게 태어났나?
진공 약 150억 년 전에 태어났다.

리처드 우주의 나이를 말한 것 같다.
진공 그렇다. 나는 빅뱅으로 태어났다.

리처드 블랙홀이 빅뱅을 언급한 적 있지만, 그 주제에 대한 이야기를 듣진 못했다.
진공 빅뱅이 모든 것의 시작이었다. 시간이 흘러 에너지가 질량으로, 혹은 그 역으로 변환되었다. 하지만 그 모든 것이 한순간에 창조되었다. 그에 못지않게 중요한 것은, 시간과 공간 역시 그 순간 창조되었다는 것이다.

리처드 잠깐. 나는 빅뱅이 완전히 텅 빈 검은 공간에서 엄청난 폭발이 일어난 것이라고 상상했다. 틀렸나?
진공 비슷하지도 않다. 아무것도 없는 것을 상상하긴 어려운 노릇이니 탓하진 않겠다. 빅뱅 이전에는 시간도 공간도 없었고, 물론 진공도 없었다. 빅뱅 이전에는 말 그대로 아무것도 없었다.

리처드 이해하기 어렵다.
진공 빅뱅이라고 부르는 이유가 바로 그것이다.

리처드　이유가 뭐라고?

진공　말하자면, 20세기 이전에는 상황이 편안했다. 사람들의 믿음에 따르면, 우주는 팽창하지 않았고, 그저 눈에 보이는 그대로였다. 멋지고, 단순하고, 오해된 채 말이다.

리처드　그리고 어떻게 되었나?

진공　1920년대에 허블Hubble, Edwin Powell이 멀리 떨어진 은하들이 점점 더 멀어지고 있다는 것을 알아차렸다. 실제로 멀면 멀수록 더 빨리 멀어진다. 그 현상은 결국 우주 팽창에 따른 자연스러운 결과로 해석되었다.

리처드　얼른 이해가 안 된다.

진공　지름이 30센티미터인 풍선을 상상해 보라. 그 풍선에 20개의 동전을 아무 데나 붙인다.

리처드　알았다.

진공　이제 풍선에 바람을 넣으면서 동전을 지켜보라. 그럼 두 가지 현상을 보게 될 거다. 동전들이 서로 점점 더 멀어진다. 이제 네가 동전 위에서 다른 동전들이 멀어지는 속도를 측정한다고 해 보자. 그럼 너에게서 더 먼 동전이 더 빠르게 멀어지는 것을 보게 될 거다. 풍선을 2차원 공간이라고 치면, 동전의 움직임은 팽창하는 공간의 특성이다.

리처드　알겠다.

LIBERTY
2016
UNITED
AMERICA
ONE CENT
2016
UNITED
ONE CENT

진공　우주로 치면 동전은 은하 또는 은하단과 같고, 풍선 표면은 우리가 사는 휘어 있는 공간과 같다. 그 모두가 빅뱅에서 비롯했다.

리처드　그것을 왜 빅뱅이라고 부르는지 이유를 물었는데.

진공　음, 모두가 처음부터 그런 견해를 받아들인 건 아니었다. 아무것도 없는 상태에서 일순간에 모든 것을 창조하기 위해서는 엄청난 상상력이 요구된다. 우주가 팽창하고 있다는 사실을 관찰을 통해 알면서도, 여전히 우주가 항상 예전 그대로 존재한다고 믿으려면 가능한 생각은 하나뿐이었다.

리처드　그게 뭔가?

진공　계속적인 창조론, 곧 정상우주론이 그것이다. 이 우주 모형에서는 우주가 어느 정도까지 계속 물질을 창조한다. 이 모형은 우주 팽창을 허용하지만, 시간이 지나도 평균 밀도 등은 변함이 없다고 본다.

리처드　정상우주론은 받아들여지지 않았나?

진공　그렇다. 한동안 격렬한 토론이 벌어졌지만, 정상우주론 지지자들은 반대론자들의 우주 모형을 비방하기 위해 빅뱅이란 말을 만들어 냈다. 하지만 이름이 고착되고 사람들은 이제 이 이론을 좋아한다.

리처드　블랙홀은 친절하게도 휘어진 우주를 잘 설명해 주었고, 방금 너는 또 다른 명쾌한 예를 들어 주었다. 그런데 팽창하는 휘어진 공간을 뒷받침하는 이론이 뭔지 알고 싶다.

진공 아인슈타인의 일반상대성이론이다. 아인슈타인 이론의 관점에서 물질은 중력으로 공간을 휘게 한다. 블랙홀이 예로 들었듯이, 네가 풍선 표면에 서 있으면 표면이 휜다. 그러니까 아인슈타인 이론에 따르면, 물질은 3차원 공간을 휘게 한다. 시간 또한 왜곡한다.

리처드 그건 상상하기 어렵다.

진공 상상력이 따르지 못할 때 다행히도 인간의 수학이 때로 개가를 올린다.

리처드 그러니까 우리가 팽창하는 우주에서 살고 있다는 것을 아인슈타인이 이론적으로 증명했다는 이야긴가?

진공 글쎄, 이야기는 또다시 아이러니하게 반전된다.

리처드 더는 놀랍지도 않다. 설명을 부탁한다.

진공 아인슈타인은 1915년에 자신의 방정식을 세웠다. 그리고 그것을 우주 구조에 적용했다.

리처드 잠깐만. 혜성이 이런 말을 한 적 있다. "아인슈타인은 일반상대성이론을 발표해서 뉴턴의 중력이론을 대체했다".

진공 맞다.

리처드 나무에서 어떻게 사과가 떨어지는지, 또는 행성들이 어떻게 태양 둘레를 도는지 설명하기 위한 것과 같은 이론이 전체 우주에 적용될 수 있다는 이야긴가?

진공　사과부터 우주 전체까지 정확히 적용된다. 그게 바로 물리학의 아름다움이다. 사실 그런 점에서 뉴턴이 천재라고 할 수 있다. 자연법칙에 대한 강렬한 신념 덕분에 그는 지상의 실험실에서 얻은 결과에서 우주의 법칙을 추론할 수 있었다.

리처드　알겠다. 아인슈타인도 그랬겠지.

진공　그렇다. 하지만 그는 자기 방정식의 답을 구하지 못했다!*

리처드　그건 참 실망스럽다.

진공　그는 물론 정상우주론을 믿었다.

리처드　그건 허블의 관측 이전이었다.

진공　그렇다. 당시 정상우주론은 영혼만큼이나 깊이 의식에 뿌리박혀 있었다. 그건 난공불락의 요새였고, 도전할 수 없는 불가침 영역이었다.

리처드　지금은 빅뱅론이 너무나 당연시된다.

진공　그렇다. 인간의 사고를 이끄는 다른 많은 기본 원리들 가운데

아인슈타인의 방정식

아인슈타인은 수학자 친구의 적극적인 도움을 받아 일반상대성이론을 수학적으로 기술할 수 있었다. 중력과 시공간의 관계를 다룬 일반상대성이론 방정식은 너무나 복잡해서 아인슈타인 본인조차 그 의미를 정확히 알지 못했고, 방정식을 풀어서 답을 내지도 못했다. 빅뱅, 블랙홀, 암흑 물질 등의 답을 내놓은 것은 다른 과학자들이었다.

얼마나 많은 것이 그런 요새처럼 모래 위에 세워졌을까?

리처드 네가 말해 주리라 기대하지 않는다.

진공 유감이다. 암튼 하던 이야기를 계속하겠다. 아인슈타인은 자기 방정식이 정상우주론을 기술하지 못한다는 것을 알게 되었다. 그래서 뭔가를 고쳐야 한다고 생각했다.

리처드 정상우주론에 대한 믿음을 버리지 않았다고?

진공 그렇다. 모래 위 성이 아직은 굳건한 반석 위에 놓인 듯 보였다. 그는 자기 방정식을 고쳤다! 오늘날 우주 상수라고 일컫는 것을 추가한 거다. 그걸로 행복하진 못했다. 훗날 그것이 자기 일생 최대 실수라고 말했다. 자기 방정식에 우주 상수를 덧붙임으로써 그는 답을 구할 수 있었는데, 그 답은 오늘날 우리 모두가 틀렸다고 알고 있는 답이었다.

리처드 그게 앞서 말한 아이러니인가?

진공 아니, 아이러니와 판도라의 상자를 섞은 거다. 아인슈타인 방정식의 시의적절하고 혁명적인 올바른 답은 나중에야 구해졌고, 우주 상수는 불필요한 것으로 밝혀졌다.

리처드 그럼 우주 상수는 포기되었나?

진공 아니, 그건 다시 상자 속으로 돌아가지 않았다. 사실 20세기 말에도 대다수 물리학자들은 우주 상수가 영점에너지에서 발생한다고 여겼다.

리처드 그리고 마침내 네가 제자리로 돌아왔구나.

진공 나는 떠난 적 없다. 문제는 이거다. 우주 상수가 영점에너지에서 비롯한다면, 이론적 계산값이 100자릿수에 이를 만큼 너무나 크다. 그 수치라면 우주가 불이 붙어 장렬히 산화해 버릴 정도다.

리처드 그럼 결국 이론이 틀렸다는 건가?

진공 일부 이론은 그렇다. 그게 뭔지 너도 알 수 있을 거다. 더욱 아이러니하게도, 수소 원자가 말했듯이, 아인슈타인은 양자론을 좋아하지 않았다. 그래서 자신의 최대 실수라고 스스로 일컬은 상수를 첨가했다.

리처드 정말 흥미로운 이야기다. 그러니까 아인슈타인이 우주 상수를 도입하지만 않았다면, 우주가 팽창하고 있음을 예견할 수도 있었겠다.

진공 수축을 예견할 수도 있었겠지만 암튼 그렇다. 그래서 그가 최대 실수 운운했던 거다. 누구한테 들은 대로가 아니라 있는 그대로 편견 없이 바라보는 것이 너무나 어렵다는 교훈을 잊지 말라. 달을 밟는 것보다 그리고 대서양 해저의 모래를 보는 것보다, 진실을 바라보는 것이 훨씬 더 어렵다.

리처드 진실을 바라볼 가망이 없다는 소리 같다.

진공 아니다. 진실을 바라보는 것이야말로 인간의 최고 특성 가운데 하나다. 올바른 이론보다 더 많은 잘못된 이론, 잘못된 해석, 잘못된 설명, 성장을 지체시키는 그 모든 토스터 기술에도 불구하고, 끊임없이 시행착오를 하면서도 줄기차게 노력해 끝끝내 진실을 알아내고야 마는 것 말이다.

리처드 너는 참 바른 관점을 가진 것 같다.

진공 그것이 궁극적으로 바른 관점이라고 본다. 나는 모든 것이 지어지는 기틀과 같다. 나는 은하를 둘러싸고 있고, 가장 멀리 있는 시공을 관통하고, 일어났거나 일어날 모든 사건에 동참한다. 나는 초신성이 우주 전역의 은하에 씨를 흩뿌릴 때 그 폭발의 맥동을 느낀다. 강렬한 펄서 에너지를 아득한 과거에서 현재로 실어 나르는 한편, 내 작은 원자들과 나직이 소통하며 사사로운 문제를 털어놓게 한다. 나는 원자들의 환생과 변화를 기꺼워하며, 세세손손 꿋꿋하게 정체성을 지켜 가는 내 입자들 뒤에 서 있다. 블랙홀이 자신을 고립시킬 때는 상실의 아픔을 느끼고, 새로운 별이 생성될 때면 탄생의 기쁨을 느낀다. 위대한 발견을 하고도 모르고 넘어갈 때, 새로운 이론이 무지의 어둠 속에 빛을 던질 때, 나는 바로 거기 있다. 모든 것이 창조될 때 거기 있었고, 종말에 이르도록 거기 있을 것이다.

'우주'와의 짧은 인터뷰

승 나는《우주와의 인터뷰》를 번역한 승 씨다. 그쪽은 누군가?
우주 나는 너다.

승 흰소리하지 말고.
우주 나는 우주다.《우주와의 인터뷰》 저자가 정작 나, '우주'와 인터뷰를 하지 않아서 살짝 아쉬운 마음에 이 자리에 섰다.

승 반갑고 고맙다. 우선 '우주'라는 이름부터 설명해 달라.
우주 우주를 뜻하는 현대 영어 Universe는 시간과 공간 그리고 그 안의 모든 내용물을 뜻한다. 한자말 우주宇宙를 너희 조부모의 조부모들은 '집 우, 집 주'가 아니라 '울 우, 줄 주'라고 새겼다. 울은 울타리, 곧 공간, 줄은 시간을 뜻한다. 고대 동양에서 일체의 시공을 가리켜 우주라고 일컬었다는 건 참으로 놀라운 일이다.

승 나이가 138억 살이라던데.

우주 실은 묘령이나 방년, 아니면 약관이라 해야 옳다. 멋도 모르는 인간들이 나더러 137.99±0.21억 살이니 몇 살이니 하고 입방아를 찧는다.

승 묘령이나 방년? 흰소리하지 말라니까. 138억 살은 어떻게 계산한 건가?

우주 여러 가지 계산법이 있는데, 어떻게 계산하든 100억~200억 살로 나온다. 가장 중요한 방법 세 가지만 말하면, 첫째, 빅뱅 이후 현재까지 우주 팽창이 지속된 시간 계산, 둘째, 구상성단의 나이 추산, 셋째, 방사성원소 연대 측정. 이 세 가지 방법 모두가 빅뱅(대폭발) 우주론을 지지한다.

승 그런 걸 다 계산하고 측정하다니, 과학이 참 많이 발전하긴 했다. 빅뱅 이후 138억 년이 지났다면, 우주의 지름은 그 두 배인가? 276억 광년?

우주 아니, 우주의 지름은 950억 광년으로 추산된다. 빅뱅으로 탄생한 우주는 나이가 1초도 되기 전에 인플레이션이라는 급팽창을 겪었다. 빛보다 훨씬 더 빠른 속도로 팽창했다는 뜻이다.

승 어떻게 빛보다 빠르게 팽창할 수가 있나?

우주 이런저런 증거가 있는 걸 어떡하나. 그냥 태초에 우주가 축지법을 썼다고 생각해라. 막 탄생한 시공이 공간 도약을 하는 것쯤이야

껌 아니겠나. 우주의 모든 것을 논리로 이해할 수 있다고 생각지 마라.

승 빛의 속도로 950억 년을 날아가야 우주를 횡단할 수 있다니 정말 어마어마한 크기긴 한데, 그래도 무한대에 비하면 새 발의 피다. 우주가 유한하다면 그 끝에는 뭐가 있나?

우주 지구는 유한하다. 고대인은 지구를 끝까지 여행하면 무슨 낭떠러지가 나올 거라고 믿기도 했다. 손오공은 근두운을 타고 세상 끝까지 날아가서 부처님 손바닥에 오줌을 누고 돌아왔다. 각설하고, "우주는 유한하지만 끝이 없다!"라고 과학자들은 이해한다. 원처럼, 아니 공의 표면처럼, 아니면 뫼비우스의 띠처럼.

승 아, 그래서 우주를 관측하면 우리가 살고 있는 곳이 우주의 중심인 것처럼 보이는 거구나. 태양계도 우리 은하도 공 표면 위의 한 점과 같으니까.

우주 그렇다. 우주에는 중심도 변두리도 끝도 없고, 안도 없고 밖도 없다.

승 놀랍다. 나는 어려서 은하수를 많이 보았다. 추석 무렵 숨바꼭질을 하면서 쳐다본 둥근 달이 어찌나 크고 밝던지, 숨을 곳이 없다는 생각에 허둥거린 기억이 난다. 우주는 정말 경이롭고 신비하다.

우주 삼라만상이 경이롭고 신비하다. 너 또한 마찬가지다. 아, 정말, 나는 너라니까. 난 너야!

승 흰소리. 암튼 고맙다. 마지막으로 한마디 해 달라.

우주 철학자 화이트헤드는 우주를 하나의 유기체로 보았다. 유기체의 목적은 첫째, 사는 것 to be 이다. 둘째, 잘 사는 것 to be well 이다. 셋째, 더 잘 사는 것 to be better 이다. 우리 잘 살자. 고맙다.

옮긴이 승영조

중앙일보 신춘문예 문학평론 부문에 당선. 다수의 소설 외에 《아인슈타인 평전》, 《발견하는 즐거움》, 《무한의 신비: 수학, 철학, 종교의 만남》, 《조지 가모브 물리열차를 타다》, 《수학 재즈》, 《현대물리학과 페르미》, 《저술 출판 독서의 사회사》, 《전쟁의 역사》 등을 번역했고, e북 번역서로 아리스토텔레스의 《시학》이 있다.

• email: itupda@hanmaila.net

우주와의 인터뷰

초판 1쇄 인쇄일 2016년 6월 21일
초판 1쇄 발행일 2016년 7월 5일

지은이 리처드 T. 해먼드
옮긴이 승영조
그린이 천정민
펴낸이 정은영
책임 편집 강설빔

펴낸 곳 (주)자음과모음
출판등록 2001년 11월 28일 제2001-000259호
주소 서울시 마포구 성지길 54
전화 편집부 02) 324-2347 경영지원부 02) 325-6047
팩스 편집부 02) 324-2348 경영지원부 02) 2648-1311
이메일 spacenote@jamobook.com

ISBN 978-89-544-3626-7 (03440)

책값은 뒤표지에 있습니다.
잘못된 책은 구입처에서 교환해드립니다.

이 도서의 국립중앙도서관 출판예정도서목록(CIP)은 서지정보유통지원시스템 홈페이지 (http://seoji.nl.go.kr)와 국가자료공동목록시스템(http://www.nl.go.kr/kolisnet)에서 이용하실 수 있습니다.
(CIP제어번호: CIP2016014345)